普通高等院校
应用型本科计算机专业系列教材

JAVAWEB CHENGXU SHEJI JICHU

JavaWeb 程序设计基础

主　编 / 赵　商　黄　玲
副主编 / 罗丽娟

重庆大学出版社

内容提要

本书分为两大部分,共八章。第一部分(1—5 章)着重讲解理论知识。第一章介绍 Windows 环境下搭建和配置 Web 开发环境的过程,并建立第一个 Web 工程。第二章讲述 JSP 脚本语言,包括 JSP 指令标签与动作标签、JSP 内置对象等。第三章详细介绍了 Servlet 的运行原理,并介绍了过滤器和监听器的使用。第四章讲解了数据库编程 JDBC,包括 mysql 数据库的基本操作方法、JDBC 的使用。第五章介绍了 MVC 编程思想,并利用该编程模式与前几章学习的知识完成了第一个完整的用户登录功能。第二部分(6—8 章)为项目实战,进行项目的详细设计,主体功能的编码与测试工作,以提高读者的项目开发经验和强化编程技能,并对系统进行优化处理,以达到进一步巩固和拓展技能的目的。

图书在版编目(CIP)数据

JavaWeb 程序设计基础/赵商,黄玲主编. ——重庆:
重庆大学出版社,2019.8(2021.8 重印)
普通高等院校应用型本科计算机专业系列教材
ISBN 978-7-5689-1572-4

Ⅰ.①J… Ⅱ.①赵…②黄… Ⅲ.①JAVA 语言—程序设计—高等学校—教材 Ⅳ.①TP312.8

中国版本图书馆 CIP 数据核字(2019)第 126347 号

普通高等院校应用型本科计算机专业系列教材
JavaWeb 程序设计基础
主 编 赵 商 黄 玲
副主编 罗丽娟
责任编辑:陈一柳 版式设计:陈一柳
责任校对:谢 芳 责任印制:赵 晟
＊
重庆大学出版社出版发行
出版人:饶帮华
社址:重庆市沙坪坝区大学城西路21号
邮编:401331
电话:(023)88617190 88617185(中小学)
传真:(023)88617186 88617166
网址:http://www.cqup.com.cn
邮箱:fxk@cqup.com.cn(营销中心)
全国新华书店经销
重庆市国丰印务有限责任公司印刷
＊
开本:787mm×1092mm 1/16 印张:16.75 字数:397 千
2019 年 8 月第 1 版 2021 年 8 月第 2 次印刷
ISBN 978-7-5689-1572-4 定价:39.00 元

本书如有印刷、装订等质量问题,本社负责调换
版权所有,请勿擅自翻印和用本书
制作各类出版物及配套用书,违者必究

前言

JavaWeb,是用 Java 技术来解决相关 Web 互联网领域的技术总和。同时 JavaWeb 开发是 J2EE 技术中的一个重要组成部分,在 B/S 开发领域有一席之地。本书针对 JavaWeb 开发编程进行了详细的讲解,以简单通俗易懂的案例,逐步引领读者从基础到各个知识点进行学习。本书涵盖了 JavaWeb 开发中的环境配置、HTML 和 Javascript、JSP 开发、Servlet 开发、应用开发等。每个章节后面都有相应的巩固与提高。

本书共分为两大部分,共 8 章。第一部分(1—5 章)着重讲解理论知识,第一章介绍 Windows 环境下搭建和配置 Web 开发环境的过程,并建立第一个 Web 工程。第二章讲述 JSP 脚本语言,包括 JSP 指令标签与动作标签、JSP 内置对象等。第三章详细介绍了 Servlet 的运行原理,并介绍了过滤器和监听器的使用。第四章讲解了数据库编程 JDBC,包括 Mysql 数据库的基本操作方法,JDBC 的使用。第五章介绍了 MVC 编程思想,并利用该编程模式与前几章学习的知识完成了靠一个完整的用户登录功能。第二部分(6—8 章)项目实战,进行项目的详细设计,主体功能的编码与测试工作,以提高读者的项目开发经验和强化编程技能,并对系统进行优化处理,以达到进一步巩固和拓展技能的目的。

本书由赵商、黄玲担任主编,罗丽娟任副主编。赵商主持了全书的编写以及审稿工作,并编写了其中的 5—8 章;黄玲编写了 1—4 章;罗丽娟参与了第三、第四章与巩固提高的部分编写工作。

同时,由于作者水平有限,书中难免有疏漏和错误之处,欢迎广大读者提出宝贵的意见。

编 者

2019 年 4 月

第一部分 理论篇

第一章 Web 开发环境安装配置与使用 ········ 2
- 1.1 搭建 Web 开发环境 ········ 2
- 1.2 创建第一个 Web 程序 ········ 25
- 1.3 巩固与提高 ········ 38

第二章 JSP 基础 ········ 41
- 2.1 JSP 基本语法 ········ 41
- 2.2 JSP 指令标签与动作标签 ········ 49
- 2.3 JSP 内置对象 ········ 61
- 2.4 EL 表达式 ········ 74
- 2.5 JSTL 标签库 ········ 81
- 2.6 巩固与提高 ········ 89

第三章 Servlet 应用 ········ 93
- 3.1 Servlet 工作原理 ········ 93
- 3.2 Servlet 应用实例——注册 ········ 97
- 3.3 过滤器(Filter) ········ 106
- 3.4 监听器 ········ 116
- 3.5 巩固与提高 ········ 122

第四章 数据库编程 ········ 125
- 4.1 数据库编程基础知识 ········ 125
- 4.2 数据库处理工具类的引进 ········ 133
- 4.3 JDBC 编程实例 ········ 139
- 4.4 巩固与提高 ········ 143

第五章 MVC 思想及其应用 ········ 145
- 5.1 MVC 思想 ········ 145
- 5.2 应用 MVC 思想实现用户登录 ········ 149

5.3 巩固与提高 155

第二部分 实战篇

第六章 项目的需求分析与设计——新闻发布系统的需求分析与设计阶段 158
6.1 项目的需求分析 158
6.2 项目的设计 161
6.3 巩固与提高 173

第七章 项目编码（一）——新闻发布系统的编码阶段 175
7.1 实现注册功能 175
7.2 实现登录功能 181
7.3 实现新闻发布功能 186
7.4 实现新闻查询功能 192
7.5 实现新闻详情查看功能 200
7.6 实现新闻修改功能 205
7.7 实现新闻删除功能 212
7.8 欢迎页与错误页 215
7.9 巩固与提高 218

第八章 项目编码（二）——新闻发布系统的编码阶段 221
8.1 实现用户添加功能 221
8.2 实现用户查询功能 228
8.3 实现用户详情查看功能 235
8.4 实现用户修改功能 240
8.5 实现用户删除功能 249
8.6 退出登录模块 252
8.7 新闻发布系统的用户验收测试 254
8.8 巩固与提高 257

参考文献 259

第一部分 理论篇

第一章　Web 开发环境安装配置与使用

很多人说，没有 Web 计算机网络就会少了很多东西。计算机网络在 20 世纪 60 年代就已经出现，而 Web 最早的创作思想却来源于为世界各地的科学家提供一个可以共享的平台。当第一个图形界面的 WWW 浏览器 Mosaic 在美国国家超级计算应用中心 NCSA 诞生后，此后经过将近 30 年的发展，使 Web 成为计算机网络发展的生力军，未来它也将影响着计算机网络的发展。

当 1993 年第一款 Web 浏览器面向大众的时候，它只是一款支持书签、图标的用户界面。仅仅是这样一款小小的浏览器却从此改变了计算机网络发展的道路，因为它的重大革新——图片支持，从这一刻起，下载图片成为可能，并且改变了人们浏览因特网的方式。很多人说，如果没有 Web，如今的网络可能会发展成另一番模样。未来，Web 的发展必将是无可限量的，并且影响着计算机网络技术的发展。

1.1　搭建 Web 开发环境

在本节将学习：
- BS 应用程序的相关背景；
- BS 应用程序设计所需技能；
- 项目开发所需软件的安装。

1.1.1　B/S 与 C/S 模式的介绍

B/S 是 Browser/Server(浏览器/服务器)模式，服务器装好后，用户只需要用浏览器(如 IE)就可以正常浏览，如图 1.1 所示。

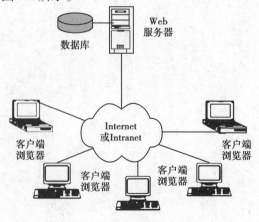

图 1.1　B/S 流程结构图

C/S 是 Client/Server(客户端/服务器端)模式,服务器装好后,用户还需要在客户端的计算机上安装专用的客户端软件才能正常浏览操作,如图 1.2 所示。

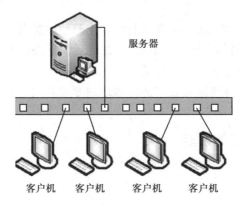

图 1.2 C/S 流程结构图

随着 Internet 和 WWW 的流行,以往的 C/S(客户端/服务器端)无法满足当前的全球网络开放、互连、信息随处可见和信息共享的新要求,于是就出现了 B/S 型模式,即浏览器/服务器结构。B/S 模式的最大特点是用户可以通过 WWW 浏览器去访问 Internet 上的文本、数据、图像、动画、视频点播和声音信息。这些信息都是由许许多多的 Web 服务器产生的,而每一个 Web 服务器又可以通过各种方式与数据库服务器连接,大量的数据实际存放在数据库服务器中。客户端除了 WWW 浏览器,一般无须任何用户程序,只需从 Web 服务器上下载程序到本地来执行,在下载过程中若遇到与数据库有关的指令,由 Web 服务器交给数据库服务器来解释执行,并返回给 Web 服务器,再由 Web 服务器又返回给用户。在这种结构中,将许许多多的网连接到一块,形成一个巨大的网,即全球网。而各个企业可以在此结构的基础上建立自己的 Intranet。

- C/S 模式的优点:
  - 由于客户端实现与服务器的直接相连,没有中间环节,因此响应速度快。
  - 操作界面漂亮、形式多样,可以充分满足客户自身的个性化要求。
  - C/S 结构的信息管理系统具有较强的事务处理能力,能实现复杂的业务流程。

- C/S 模式的缺点:
  - 需要专门的客户端安装程序,分布功能弱,针对点多面广且不具备网络条件的用户群体,不能够实现快速部署安装和配置。
  - 兼容性差,对于不同的开发工具,具有较大的局限性。若采用不同工具,需要重新改写程序。
  - 开发成本较高,需要具有一定专业水准的技术人员才能完成。

- B/S 结构的优点:
  - 具有分布性特点,可以随时随地进行查询、浏览等业务处理。
  - 业务扩展简单方便,通过增加网页即可增加服务器功能。
  - 维护简单方便,只需要改变网页,即可实现所有用户的同步更新。

> 开发简单,共享性强。

- B/S 模式的缺点:
  > 个性化特点明显降低,无法实现具有个性化的功能要求。
  > 操作是以鼠标为最基本的操作方式,无法满足快速操作的要求。
  > 页面动态刷新,响应速度明显降低。
  > 功能弱化,难以实现传统模式下的特殊功能要求。

1.1.2 Web 开发要具备的技能

1. 客户端

（1）HTML 语言

为了让设计者在网络上发布的网页能够被世界各地的浏览者所阅读,需要一种规范化的发布语言。在万维网(WWW)上,文档的发布语言是 HTML。HTML 的意思是 Hypertext Marked Language,即超文本标记语言,就是该类文档有别于纯文本单个文件的浏览形式。超文本文档中提供的超级链接能够让浏览者在不同的页面之间跳转。

标记语言是一种基于源代码解释的访问方式,它的源文件由一个纯文本文件组成,代码由许多元素组成,而前台浏览器通过解释这些元素显示各种样式的文档。换句话说,浏览器就是把纯文本的后台源文件以赋有样式定义的超文本文件方式显示出来。

HTML 和网络是紧密相连的,HTML 语言的发展和浏览器的支持是密不可分的,在 20 世纪 90 年代网络刚刚兴起时,多种浏览器同时流行于世界各地,它们支持 HTML 语言的标准也各不相同,这就限制了 HTML 标记语言本身的发展。后来,W3C 网络标准化组织联手一些主流浏览器的开发厂商一同定义 HTML 标准,并且力推浏览器解释语言和显示方法的统一。

到今天,IE 浏览器随着 Windows 操作系统的绝对垄断地位占据着主流市场,这也在另一方面为 HTML 标准的统一起到了关键作用。

简言之,HTML 就是设计网页的基本语言。

（2）CSS 样式表

CSS 是 Cascading Style Sheet 的缩写,译作"层叠样式表单",是用于(增强)控制网页样式并允许将样式信息与网页内容分离的一种标记性语言。它能够对 HTML 网页中的布局、字体、颜色、背景和其他文图效果实现更加精确地控制。

CSS 只需通过修改一个文件就能改变页数不定的网页的外观和格式(自动化功能)。可以这么说,CSS 就是辅助 HTML 页面使其"画面"更好看并更容易设计的工具。

（3）JavaScript 脚本语言

JavaScript 是一种脚本语言,比 HTML 要复杂。不过,即便你不懂编程,也不用担心,因为 JavaScript 写的程序都是以源代码的形式出现的,也就是说在一个网页里看到一段比较好的 JavaScript 代码,恰好你也用得上,就可以直接复制,然后放到你的网页中去。正因为可以借鉴、参考优秀网页的代码,所以,JavaScript 也变得非常受欢迎,从而被广泛应用。原来不懂编程的人,多参考 JavaScript 示例代码,也能很快上手。

HTML 网页在互动性方面能力较弱。例如,下拉菜单(就是用户单击某一菜单项时,自动会出现该菜单项的所有子菜单)用纯 HTML 网页无法实现;又如验证 HTML 表单(Form)提交信息的有效性,用户名不能为空,密码不能少于 4 位,邮政编码只能是数字之类,用纯 HTML 网页也无法实现。要实现这些功能,就需要用到 JavaScript。

JavaScript 主要是基于客户端运行的,用户单击带有 JavaScript 的网页,网页里的 JavaScript 就传到浏览器,由浏览器对此做处理。前面提到的下拉菜单、验证表单有效性等大量互动性功能,都是在客户端完成的,不需要和 Web Server 发生任何数据交换,因此,不会增加 Web Server 的负担。

几乎所有浏览器都支持 JavaScript,如 Internet Explorer(IE)、Firefox、Netscape、Mozilla、Opera 等。

总的来说,JavaScript 是一种解释性的、用于客户端的、基于对象的脚本语言。

注意:JavaScript 和 Java 很类似,但终究还是不一样的。初学者往往容易把二者混淆,其实二者根本就是两种语言! Java 是一种比 JavaScript 复杂许多的程式语言,JavaScript 则是一种容易了解的脚本语言。JavaScript 的创作者可以不那么注重程式技巧,所以 Java 的许多特性在 JavaScript 中并不支持。

2.服务端

(1) JSP

JSP(Java Server Pages)是由 Sun Microsystems 公司倡导,许多公司一起参与建立的一种动态网页技术标准。JSP 技术类似 ASP 技术,它是在传统的网页 HTML 文件(*.htm, *.html)中插入 Java 程序段(Scriptlet)和 JSP 标记(Tag),从而形成 JSP 文件(*.jsp)。

用 JSP 开发的 Web 应用是跨平台的,既能在 Linux 下运行,也能在其他操作系统上运行。

JSP 技术使用 Java 编程语言编写类 XML 的 Tags 和 Scriptlets 来封装产生动态网页的处理逻辑。网页还能通过 Tags 和 Scriptlets 访问存在于服务端资源的应用逻辑。JSP 将网页逻辑与网页设计和显示分离,支持可重用的基于组件的设计,使基于 Web 的应用程序的开发变得迅速和容易。

Web 服务器在遇到访问 JSP 网页的请求时,首先执行其中的程序段,然后将执行结果连同 JSP 文件中的 HTML 代码一起返回给客户。插入的 Java 程序段可以操作数据库、重新定向网页等,以实现建立动态网页所需要的功能。

JSP 页面由 HTML 代码和嵌入其中的 Java 代码所组成。服务器在页面被客户端请求以后对这些 Java 代码进行处理,然后将生成的 HTML 页面返回给客户端的浏览器。Java Servlet 是 JSP 的技术基础,而且大型的 Web 应用程序的开发需要 Java Servlet 和 JSP 配合才能完成。JSP 具备了 Java 技术的简单易用、完全的面向对象、具有平台无关性且安全可靠、主要面向因特网等所有特点。

自 JSP 推出后,众多大公司都支持 JSP 技术的服务器,如 IBM、Oracle、Bea 公司等,所以 JSP 迅速成为商业应用的服务器端语言。

可以这么说,JSP 就是嵌入了功能强大的 Java 语言的动态网页。

（2）Servlet 技术

Servlet 技术是 Sun 公司提供的一种实现动态网页的解决方案,是基于 Java 编程语言的 Web 服务器端编程技术,主要用于在 Web 服务器端获得客户端的访问请求信息和动态生成对客户端的响应消息。Servlet 技术也是 JSP 技术的基础。一个 Servlet 程序就是一个实现了特殊接口的 Java 类,用于被支持 Servlet 的 Web 服务器调用和运行,即只能运行于具有 Servlet 引擎的 Web 服务器端。一个 Servlet 程序负责处理它所对应的一个或一组 URL 地址的访问请求,接收访问请求信息和产生响应内容。

（3）Java 语言

Java 是一种简单的、面向对象的、分布式的、解释的、健壮的、安全的、结构的、中立的、可移植的、性能很优异的、多线程的编程语言。

在 Java 出现以前,因特网上的信息内容都是一些乏味死板的 HTML 文档。这对于那些迷恋于 Web 浏览的人们来说简直不可容忍。他们迫切希望能在 Web 中看到一些交互式的内容,开发人员也极希望能够在 Web 上创建一类无须考虑软硬件平台就可以执行的应用程序,当然这些程序还要有极大的安全保障。对于用户的这种要求,传统的编程语言显得无能为力,而 Sun 的工程师敏锐地察觉到了这一点。从 1994 年起,他们开始将 OAK 技术应用于 Web 上,并且开发出了 HotJava 的第一个版本。当 Sun 公司于 1995 年正式以 Java 这个名字推出该项技术的时候,几乎受到了所有 Web 开发人员的欢迎。

可以这么说,在本书里,Java 语言就是 Web 开发的后台语言。

3.数据库

（1）DBMS

数据库管理系统(DBMS)是 Web 应用程序存放数据库的地方,目前常用的有 MS SQL Server、MySQL、Oracle、Sybase 等,开发 Web 应用程序必须至少具备其中的一种。

（2）SQL 语言

SQL 是用于访问和处理数据库的标准计算机语言,是一门 ANSI 的标准计算机语言,用来访问和操作数据库系统。SQL 语句用于取回和更新数据库中的数据。SQL 可与数据库程序协同工作,如 MS Access、DB2、Informix、MS SQL Server、Oracle、Sybase 以及其他数据库系统。

注意:由于存在着很多不同版本的 SQL 语言,为了与 ANSI 标准相兼容,它们必须以相似的方式共同地来支持一些主要的关键词(如 SELECT、UPDATE、DELETE、INSERT、WHERE 等)。除了 SQL 标准之外,大部分 SQL 数据库程序都拥有它们自己的私有扩展。

1.1.3 基于 JSP 的 Web 应用程序结构(B/S)

如图 1.3 所示,左边的客户端浏览器中输入网页地址请求,请求通过网络发给 Web 服务器(实线方框),Web 服务器找到请求的页面(JSP),把它交给 JSP 引擎(虚线方框)来处理,JSP 引擎将请求的页面"翻译"成一段 Java 代码(Servlet),然后通过 Java 虚拟机执行这段 Servlet(椭圆),在执行过程中若要访问数据库,则通过 JDBC 或者 JDBC-ODBC 桥去访问数据库,数据库处理完毕后返回结果给 Servlet,Servlet 再将执行的结果通过网络返回给客户端浏览器,从而完成了客户的一次请求。在这个过程中 B 代表的是浏览器,S 代表的是服务器(包括 Web 服务器和数据库服务器),整个图 1.3 就构成了典型的三层 B/S 结构。该结构也是接下来马上要搭建的结构。

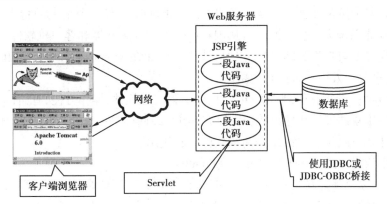

图 1.3　基于 JSP 的 Web 应用程序结构

1.1.4　基于 JSP 的 Web 开发环境的搭建

1. 安装工具

开发环境的搭建需要安装 JDK8,Tomcat7.0,Eclipse-Jee-Neon-3,MySql5.0+MySqlFront6 等工具。

注意:安装有先后顺序,应按照上面的先后顺序安装。如果之前安装过其他版本的软件或者要重装软件,强烈建议完全卸载之后再按照上面罗列的先后顺序进行安装,否则在安装或者运行的过程中极有可能发生未知错误,导致环境搭建失败。

2. 安装工具介绍

（1）JDK

JDK 是 Java 开发工具包,执行 Java 语言的开发环境,在 Web 环境中,Web 开发的后台语言就是 Java 语言。要想 Web 程序能正常工作,JDK 不可或缺。目前用得比较多的 JDK 版本是 1.8。

（2）Tomcat

Tomcat 是 Web 开发环境中的 Web 服务器,网站的搭建、前台页面 JSP 的执行全靠它,没有它,JSP 网页就无"生存之地"。目前 Tomcat 常用的版本是 7.0。

（3）Eclipse

Eclipse 是一个开放源代码的、基于 Java 的可扩展开发平台。就其本身而言,它只是一个框架和一组服务,用于通过插件组件构建开发环境。它是编码、编译、调试代码、发布的集成开发环境,有了它,编码调试更轻松。

虽然软件版本更新很快,但选用时应首先考虑其稳定性,我们选用的版本就是比较稳定的版本。

注意:建议不要装太多的插件,以免影响速度,虽然插件可以提高开发效率。

（4）MySQL+MySQLFront

MySQL 是瑞典的 MySQL AB 公司开发的一个可用于各种流行操作系统平台的、具有客户机/服务器体系结构的关系数据库系统。它具有功能强、使用简单、管理方便、运行速度快、可靠性高、安全保密性强等优点。除此之外，MySQL 还有一个最大的特点，那就是在如 Unix 这样的操作系统上，是免费的，可从因特网上下载其服务器和客户机软件。并且还能从因特网上得到许多与其相配的第三方软件或工具。而在 Windows 系统上，它的费用也相对比较低廉，对多数个人用户来说是免费的。

MySQLFront 是图形化管理 MySQL 数据库的第三方软件，操作方便，有简体中文的界面。美中不足的是该软件备份和导出数据库没有 SQLyog（同样是一款图形化管理 MySQL 数据库的第三方软件）方便，读者可以结合两款软件一起使用。

本书使用的版本是 MySQL5.0+MySQLFront6。

注意：第三方软件是指用户在使用某一家公司的软件 A 的时候，因为该软件的功能不足或不完善而使用其他公司的软件 B 来协助完成工作。软件 B 相对于软件 A 就是第三方软件。MySQL 数据库管理几乎都是使用命令行方式，对初学者来说不是很方便，因此我们采用了第三方图形化的管理软件 MySQLFront 来弥补这一不足。

3.工具安装过程

（1）安装 JDK

①双击安装程序弹出如图 1.4 所示窗口。

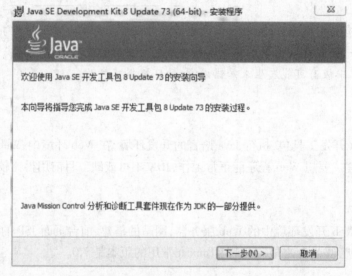

图 1.4　安装 JDK—接受许可

②单击【下一步】按钮，弹出如下窗口，如图 1.5 所示。单击【更改】按钮可以更改安装路径，如图 1.6 所示。

③选择默认路径，直接单击【确定】按钮，如图 1.7 所示。

④安装完后弹出如图 1.8 所示窗口。

⑤单击【关闭】按钮即完成了 JDK 安装。

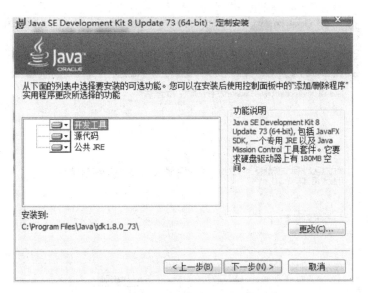

图 1.5 安装 JDK—自定义安装

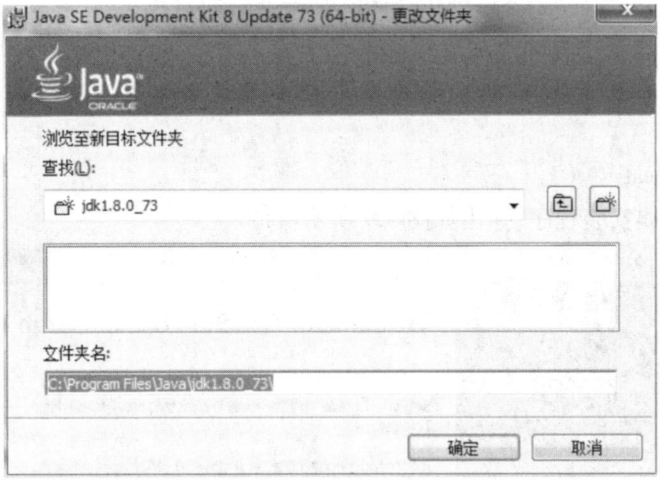

图 1.6 安装 JDK—更改安装路径

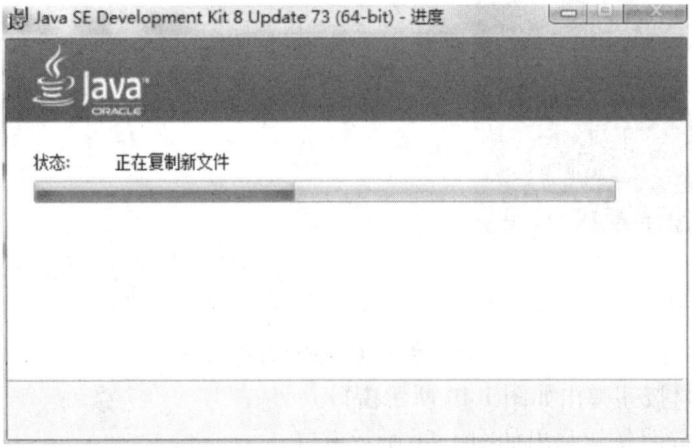

图 1.7 安装 JDK—正在安装 JDK

图 1.8　安装 JDK—安装完成

注意：在安装过程中细心的读者可能发现安装了两个工具 JDK 和 JRE。前者（JDK）是 Java 开发工具包，后者（JRE）是 Java 运行环境，它们都是 Java 开发中必备的工具，请勿混淆和遗漏安装。

（2）安装 Tomcat

① 双击 Tomcat 安装程序，弹出如图 1.9 所示窗口。

图 1.9　安装 Tomcat—开始安装

② 单击【Next】按钮弹出如图 1.10 所示窗口。

③ 单击【I Agree】按钮弹出如图 1.11 所示窗口。

④ 单击【Next】按钮弹出如图 1.12 所示窗口。

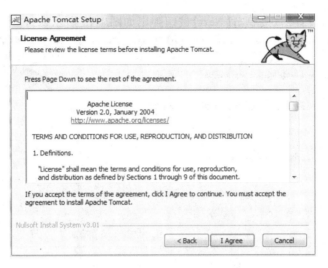

图 1.10　安装 Tomcat—确认许可

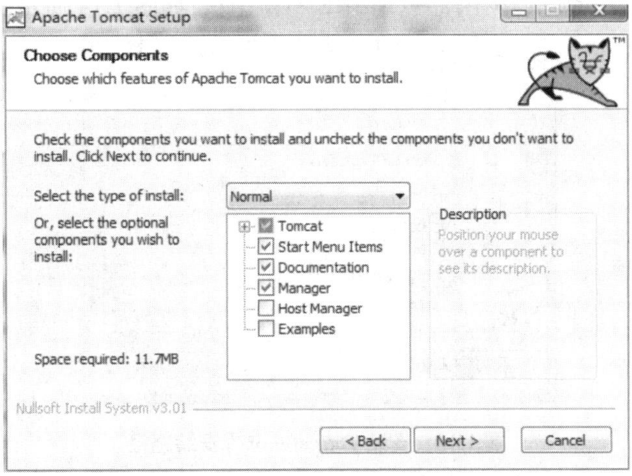

图 1.11　安装 Tomcat—选择安装组件

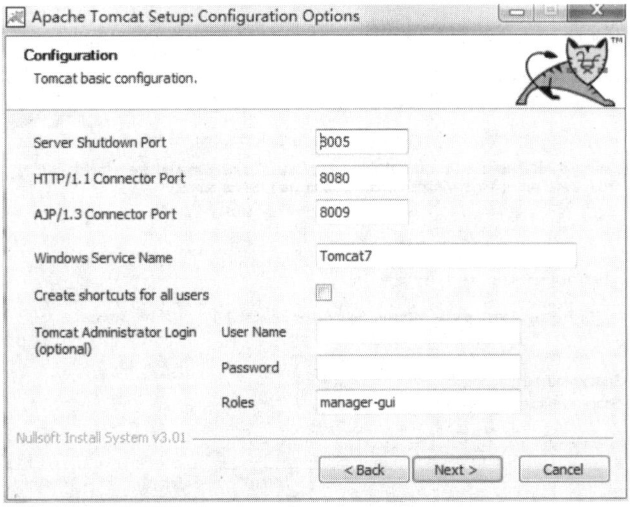

图 1.12　安装 Tomcat—设置 Web 服务器相关参数

⑤不改变默认设置，直接单击【Next】按钮弹出如图 1.13 所示窗口。

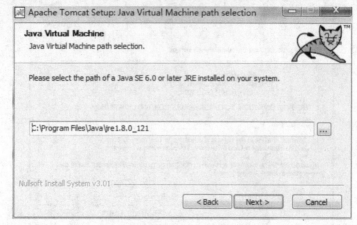

图 1.13　安装 Tomcat—选择 JRE

⑥选择之前安装 JRE 的路径，注意是 JRE 不是 JDK，如图 1.14 所示。

图 1.14　安装 Tomcat—选择安装路径

⑦单击【Browse】按钮可以改变 Tomcat 的安装路径，这里直接单击【Install】按钮，如图 1.15 所示。

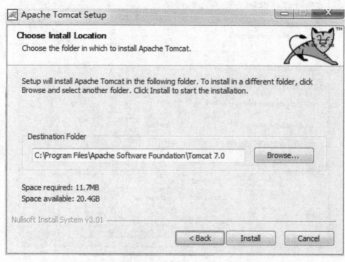

图 1.15　安装 Tomcat—选择 JRE 安装路径

⑧单击【Install】按钮,弹出如图 1.16 所示的安装窗口。

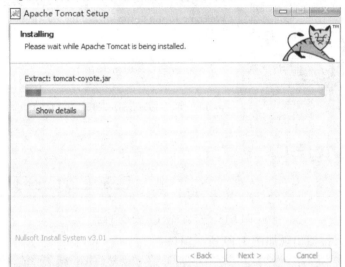

图 1.16　安装 Tomcat—正在安装

⑨安装完后出现如图 1.17 所示窗口。

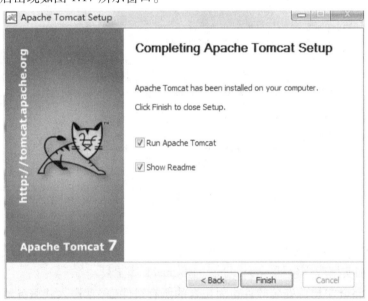

图 1.17　安装 Tomcat—安装完成

⑩单击【Finish】按钮即完成 Tomcat 安装。图 1.17 中的两个多选项与安装没有任何关系,第一个是安装完成后立刻启动 Tomcat 服务器,第二个是阅读 Tomcat 自述文件,所以勾选或不勾选都可以。

（3）安装 Eclipse

我们使用的是 Eclipse-Jee-Neon-3 绿色版,无须安装,解压后就可以直接使用。

（4）安装 MySql+MySqlFront6

①双击安装程序出现如图 1.18 所示窗口。

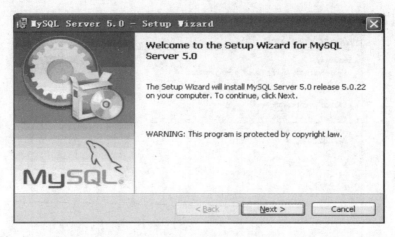

图 1.18　安装 MySQL 安装开始

②单击【Next】按钮出现如图 1.19 所示窗口。

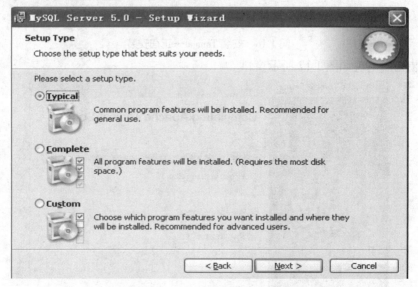

图 1.19　MySQL 安装类型选择

Typical（典型安装）：只安装 MySQL 服务器、MySQL 命令行客户端和命令行实用程序。命令行客户端和实用程序包括 mysqldump，myisamchk 等工具。

Complete（完全安装）：安装软件包内包含的所有组件（包括嵌入式服务器库、基准套件、支持脚本和文档等）。

Custom（定制安装）：允许选择想要安装的软件包和安装路径。

③若选中【Typical】单选框（典型安装），单击【Next】按钮，出现如图 1.20 所示窗口，进行默认路径的安装。

④在图 1.20 所示窗口中，若要修改安装路径，则单击【Back】按钮返回上一窗口，选择【Custom】单选框（定制安装），如图 1.21 所示。

⑤单击【Next】按钮出现，如图 1.22 所示窗口，选择数据库程序的安装路径。

⑥单击【OK】按钮出现如图 1.23 所示窗口，表示安装前的设置完成，准备安装。

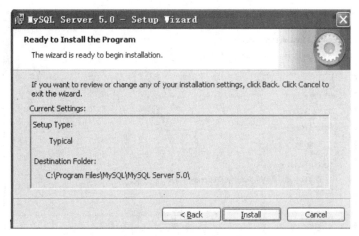

图 1.20　MySQL 准备安装

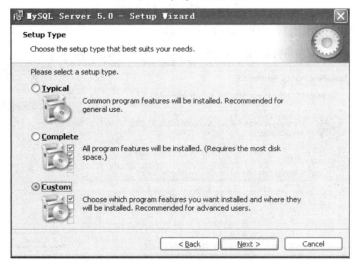

图 1.21　MySQL 安装类型选择

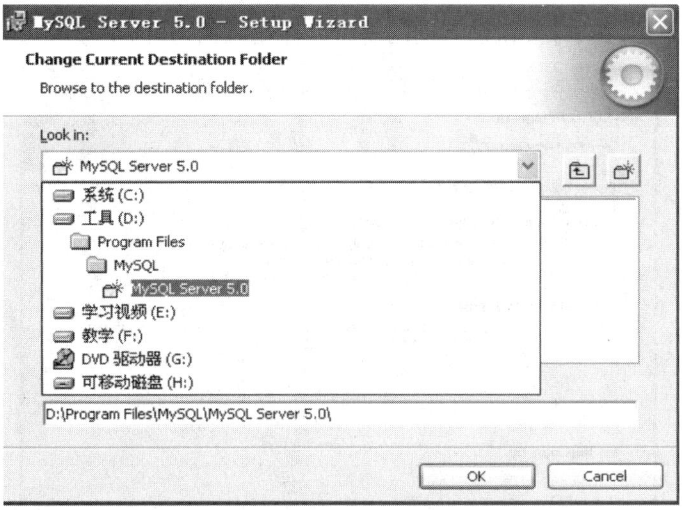

图 1.22　MySQL 安装路径选择

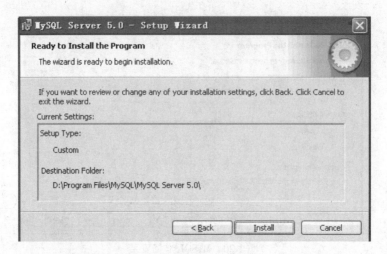

图 1.23　MySQL 准备安装

⑦单击【Install】按钮出现如图 1.24 所示窗口。

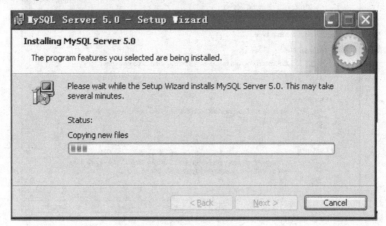

图 1.24　MySQL 正在进行安装

⑧安装完后单击【Next】按钮进入询问是否要注册画面,如图 1.25 所示。

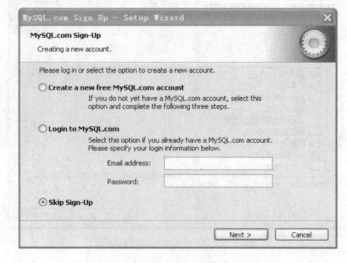

图 1.25　MySQL 安装

⑨选择【Skip Sign-Up】单选框,跳过注册,单击【Next】按钮出现如图 1.26 所示窗口。

图 1.26　MySQL 安装结束

此时如果勾选了【Configure the MySQL Server now】复选框(询问是否立刻配置数据库)则单击【Finish】按钮完成安装以后将出现步骤⑩的画面,否则就结束。

⑩单击【Finish】进入数据库配置,如图 1.27 所示。

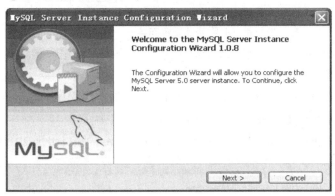

图 1.27　MySQL 服务器配置

⑪单击【Next】按钮出现服务器配置向导窗口,有【Standard Configuration】(标准配置)和【Detailed Configuration】(详细配置)选项,如图 1.28 所示。

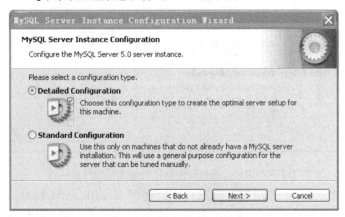

图 1.28　MySQL 服务器配置向导

Detailed Configuration(详细配置):适合想要更加细粒度控制服务器的高级用户。

Standard Configuration(标准配置):适合想快速启动 MySQL 而不考虑服务器配置的新用户。

⑫选择【Detailed Configuration】单选框,单击【Next】按钮出现如图 1.29 所示窗口。

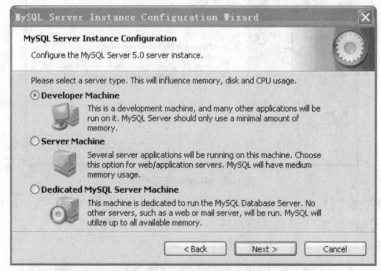

图 1.29　MySQL 服务器配置向导——选择服务器类型

Developer Maching(开发用机):该选项代表典型个人桌面工作站。将 MySQL 服务器配置成使用最少的系统资源。

Server Maching(服务器):MySQL 服务器可以同其他应用程序一起运行,如 FTP,EMAIL,Web 服务器等。MySQL 服务器配置成使用适当比例的系统资源。

⑬选择【Developer Machine】单选框(开发用机),单击【Next】出现如图 1.30 所示窗口。

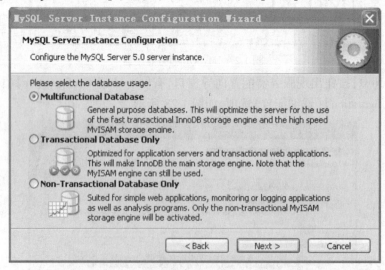

图 1.30　MySql 服务器配置向导—选择数据库用途

Multifunction Database(多功能数据库):同时使用 InnoDB 和 MyISAM 存储引擎,并在两个存储引擎之间平均分配资源。建议经常使用两个存储引擎的用户选择该选项。

Tramsactional Database Only(只是事物处理数据库):同时使用 InnoDB 和 MyISAM 存储引擎,并在两个存储引擎之间平均分配资源。建议经常使用 InnoDB 只偶尔使用 MyISAM 的用户选择。

Non-Transactional Database Only(非事物处理数据库):完全禁用 InnoDB 存储引擎,将所有服务器资源指派给 MyISAM 存储引擎。建议不使用 InnoDB 的用户选择。

⑭选择【Multifunction Database】单选框,单击【Next】按钮出现如图 1.31 所示窗口。

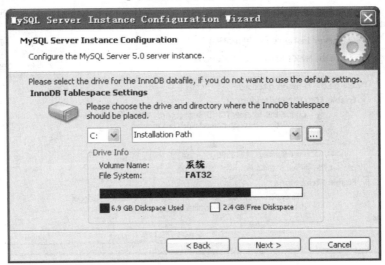

图 1.31　MySQL 服务器配置向导—选择服务器安装路径

该项允许将数据库中的数据和数据库的安装程序分开存放,以保证数据的安全性。

⑮单击【Next】按钮将出现如图 1.32 所示窗口,用于设置并发的连接数量。

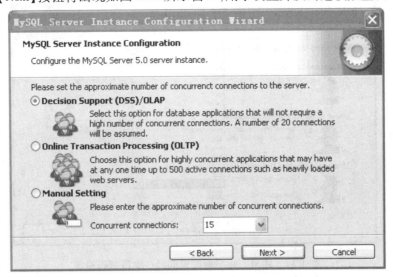

图 1.32　MySQL 服务器配置向导—选择连接数

Decision Support(决策支持)(DSS)/OLAP:如果服务器不需要大量的并行连接可以选择该选项。假定最大连接数设为 100,平均并行连接数为 20。

Online Transaction Processing(联机事务处理)(OLTP):如果服务器需要大量的并行连

接应选择该选项。最大连接数设置为500。

Manual Setting(人工设置):可以自行设置服务器并行连接的数目。

从这里我们知道,数据库的并发连接是有限的,因此在软件开发的时候使用完数据库以后一定要记得关闭连接,以便让别人使用。

⑯设置可以连接服务器的计算机个数(这里设置成15个),单击【Next】按钮将出现设置数据库的端口窗口,如图1.33所示。

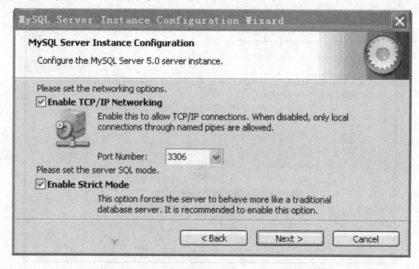

图1.33　MySQL服务器配置向导—端口号设置

端口号默认为3306一般不需要重新设置,单击【Next】按钮将出现如图1.34所示窗口。

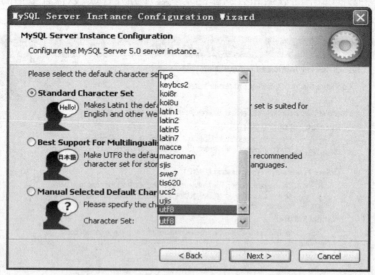

图1.34　MySQL服务器配置向导—字符编码设置

Standard Character Set(标准字符集):如果想使用Latin1作为默认服务器字符集,则选择该选项。Latin1用于英语和西欧语言。

Best Support For Multilingualism(支持多种语言):如果想使用utf8作为默认服务器字符集,则选择该选项。utf8可以将不同语言的字符集存储为单一的字符集。

Manual Selected Default Character Set/Collation(人工选择的默认字符集/校对规则)：如果想手动选择服务器的默认字符集，请选择该项。

如果字符集选择不合适，存储中文有可能会出现乱码。

选择【Standard Character Set】单选框，在 Character Set 对应的下拉列表处选择【utf8】选项，单击【Next】按钮出现如图 1.35 所示窗口。

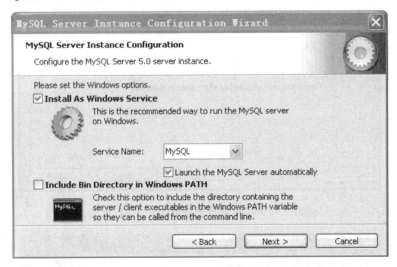

图 1.35　MySQL 服务器配置向导—选择服务器启动快捷方式

⑰参照图 1.35 选中第一项以及中间的选项：数据库启动作为 Windows 中的一个服务来启动并在开机时就运行。单击【Next】按钮将出现设置管理员密码窗口，如图 1.36 所示。

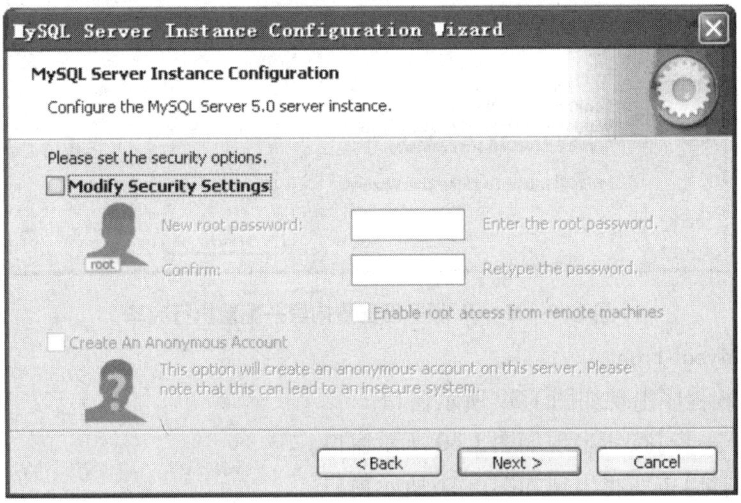

图 1.36　MySQL 服务器配置向导—密码设置

⑱选择【Modify Security Setting】复选框，可以设置 root 用户密码，不选择则默认为空密码。单击【Next】按钮将出现如图 1.37 所示窗口。

⑲单击【Execute】按钮将出现如图 1.38 所示窗口。

如果没有出现错误(无一项出现红叉)，则单击【Finish】完成 MySQL 安装。

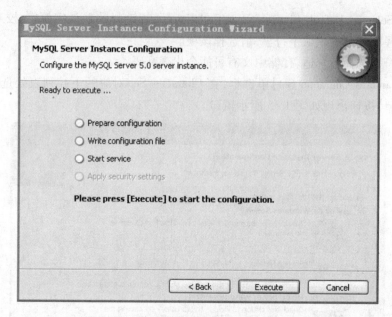

图 1.37 MySQL 服务器配置向导—执行配置

图 1.38 MySQL 服务器配置向导—配置执行完毕

(5)安装 MySql-Front

①双击安装程序出现如图 1.39 所示窗口。
②单击【下一步】按钮出现如图 1.40 所示窗口。
③单击【浏览】按钮将出现如图 1.41 所示窗口。
④安装路径设置完成后单击【下一步】出现如图 1.42 所示窗口。
⑤单击【下一步】按钮出现如图 1.43 所示窗口。
⑥单击【下一步】按钮出现如图 1.44 所示窗口。
⑦单击【安装】按钮将出现如图 1.45 所示窗口。
⑧安装完后将出现如图 1.46 所示窗口。

单击【完成】按钮结束 MySQL-Front 安装。

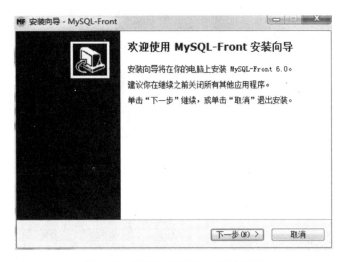

图 1.39　安装 MySQLFront 开始界面

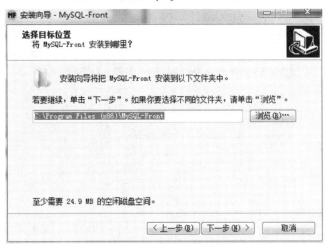

图 1.40　安装路径设置

图 1.41　安装路径选择

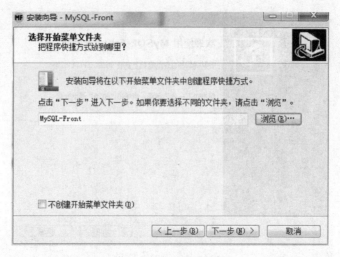

图 1.42 设置快捷方式

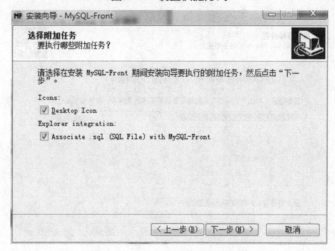

图 1.43 安装之外的其他事情

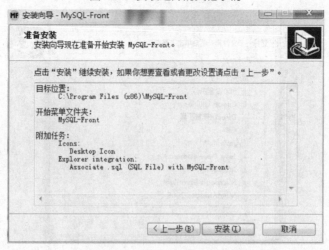

图 1.44 安装任务显示

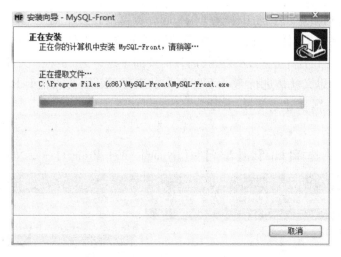

图 1.45 安装 MySQL-Front

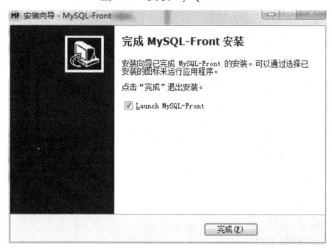

图 1.46 安装 MySQL-Front 完成界面

1.2 创建第一个 Web 程序

在本节将学习：
- 在 Eclipse 中如何创建 Web 工程；
- 如何编写 JSP 网页；
- 在 Eclipse 中如何配置、发布 Web 工程，并在 IE 浏览器中运行编写的网页。

1.2.1 Web 工程的创建

1. 创建 Web 工程的原因

创建一个工程（Project）是在 Eclipse 中进行程序开发的一个开始，无论是写一行代码还是画一幅图，都必须先有工程，再在工程里边干其他事情。那么，工程是什么呢？工程就像一个总管,将一系列相互联系的工作管理在一起。最直接的感受就是,工程可以看作一个文件夹,所有"有关系"的文件都放在这个文件夹中进行统一的存放和管理。当然,在 Eclipse 中,工程的作用并不仅仅是这些,不过,我们只需要简单理解为"工程 = 文件夹"即可。

Web 工程顾名思义就是进行 Web 程序开发的工程,因此,要想在 Eclipse 中进行 Web 应用程序的开发,首先需要建立 Web 工程。

2. 创建步骤

①打开 Eclipse,选择【File】→【New】→【Dynamic Web Project】命令,如图 1.47 所示。

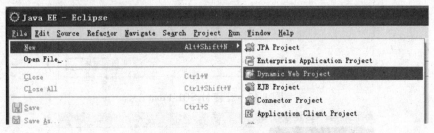

图 1.47　创建 Web 工程—选择创建工程菜单

②在弹出的对话框中输入创建工程的相关信息,在对话框的【Project name】输入框中输入创建 Web 工程的名字(名字可以任意取,但必须是唯一的,最好取一个有意义的名字,这里输入 test01),其他地方按图 1.48 所示设置即可。

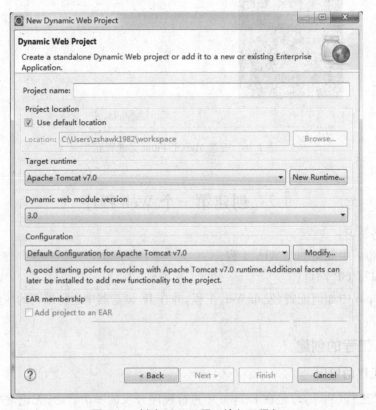

图 1.48　创建 Web 工程—输入工程名

③单击【Finish】按钮,一个名为 test01 的 Web 工程就建好了。在 Eclipse 左边的【Package Explorer】窗口中会出现新建的 Web 工程(看起来像一个文件夹),展开该工程可以看到一个树形结构目录,其中 src 目录是存放 Java 源代码文件的,WebContent 目录是存放与网页有关的文件。整个效果如图 1.49 所示。

注意:在单击【Finish】按钮后有可能会出现几个提示框,不用理会,直接单击【确定】或者【yse】按钮即可。

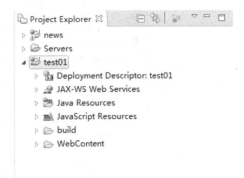

图 1.49　创建 Web 工程—创建完成

1.2.2　在 Web 工程中新建 JSP 页面

1. 创建步骤

①在【Package Explorer】窗口中,右击刚才新建的工程名,在弹出菜单中选择【New】→【Other】命令,如图 1.50 所示。

图 1.50　创建 JSP 页面—选择菜单

②在弹出的窗口中找【JSP File】,如图 1.51 所示。

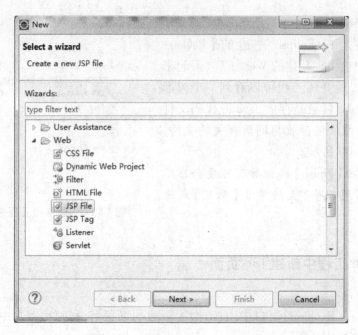

图 1.51　创建 JSP 页面—选择菜单

③单击【Next】按钮后会出现 JSP 创建向导窗口，在【FileName】文本框处输入要创建的 jsp 文件名（文件名可以任意取，建议取有意义的名字，这里命名为 test.jsp），其他地方默认，不输入，如图 1.52 所示。

图 1.52　创建 JSP 页面—输入文件名

④最后单击【Finish】按钮，文件就创建好了，从图 1.52 中的第一项输入框中不难看出，文件创建在 WebContent 目录下，展开 WebContent，可以看到 test.jsp 文件的确存在，如图1.53所示。

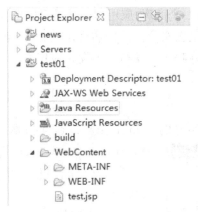

图 1.53　创建 JSP 页面—创建完成

2.JSP 页面中的编码设置

参照图 1.53，双击 test.jsp，将在 Eclipse 的中部打开一个窗口，里边显示 test.jsp 文件的内容，可以在这个窗口中编辑该页面。此时，可以看见窗口中已经有一些代码，这些代码是刚才创建 test.jsp 页面的时候 Eclipse 自动生成的。这些代码有些是多余的，有些是需要修改的。

请看 JSP 页面中的第一行代码：

```
<%@ page language="java" pageEncoding="ISO-8859-1"%>
```

代码中的 pageEncoding="ISO-8859-1"表示本页面的编码格式是 ISO-8859-1，这个格式是不支持中文的，本书推荐修改为 UTF-8，即 pageEncoding="UTF-8"。

3.在 JSP 页面中嵌入 Java 代码

从前面 JSP 的介绍可知，JSP 页面是能够嵌入 Java 代码运行的，正因为如此，才体现出 JSP 页面的强大；若不能嵌入 Java 代码，JSP 页面就与 HTML 页面没有什么不同。在 JSP 页面中嵌入 Java 代码的语法如下：

```
<%
……
//java 代码段在<%与%>之间
……
%>
```

其中，"<%"与"%>"是关键字，它们之间就是写 Java 代码的地方。

1.2.3　Web 工程发布

1.发布的原因

一个 Web 应用程序是 B/S 结构，是需要 Web 服务器的。用户通过浏览器访问我们的网页,访问我们的应用程序,实际上就是访问 Web 服务器上的程序。那么,在 MyEclipse 里编写的任何程序,必须按照某种规则"放"到 Web 服务器上,才能够被用户访问。这个"放"的过程就是发布。

举个例子,服务器就像是一个商店,应用程序就是商店里的商品。用户访问服务器上的应用程序就相当于是到商店里去买商品。商店必须要上架,客户才能够买到商品。所以这个上架用一个专业的名词来称呼——发布。不发布应用程序,用户就不能在服务器上访问应用程序。

2.发布过程

在 Eclipse 中,可以将编写好的 Web 工程发布到 Web 服务器上(在这里,Web 服务器就是 Tomcat)。但是,Eclipse 和 Tomcat 毕竟是两个软件,要想发布成功首先得进行配置,配置完成后才能够发布。

(1)配置过程

①首先选择菜单【Windows】→【Preferances】命令,如图 1.54 所示。

②选择菜单后,在弹出的窗口(图 1.55)的左边列表中选择【Servers】→【Runtime Environment】选项。

③单击右侧的【Add】按钮,弹出添加 Server 窗口,出现如图 1.56 所示窗口。

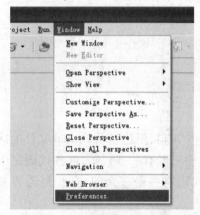

图 1.54　Eclipse 的配置—选择菜单

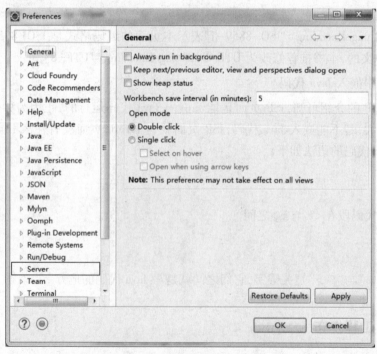

图 1.55　Eclipse 的配置—选择 Server

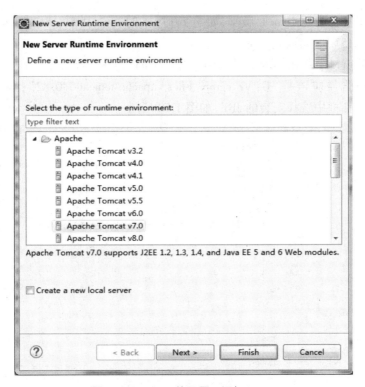

图 1.56　Eclipse 的配置—添加 Server

图 1.57　Eclipse 的配置—添加 Server

④选中机子上安装的 Tomcat 版本，如是 7.0 版本的就选中 Tomcat7.0，然后单击【Next】按钮，出现如图 1.57 所示窗口。

⑤在弹出的窗口中单击【Browse】按钮选择 Tomcat 的安装路径。若在安装时是默认安装的话，其安装路径应该是"C：\Program Files\apache-tomcat-7.0.82"，再单击【Installed JREs】，在弹出对话框中选择安装的 JRE，如图 1.58 所示。

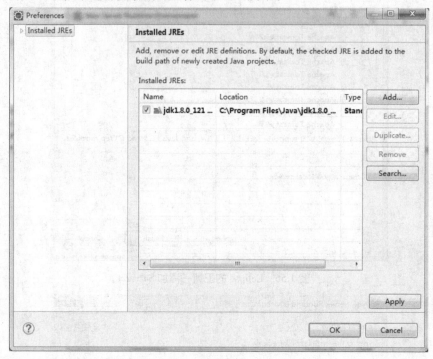

图 1.58　Eclipse 的配置—配置 JRE

⑥若无 JRE 选项，则添加 JRE。单击【Add】按钮出现如图 1.59 所示窗口。

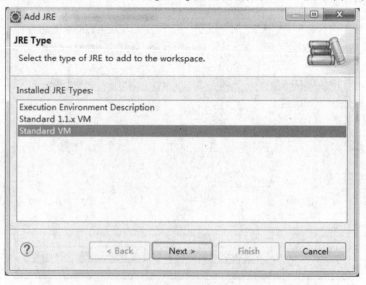

图 1.59　Eclipse 的配置—配置 JRE

⑦选择 Standard VM,单击【Next】按钮出现如图 1.60 所示窗口。

图 1.60　Eclipse 的配置—配置 JRE

⑧选择 JRE 的安装路径,单击【Finish】按钮完成 JRE 的配置。最后再单击【OK】按钮关闭【Preferences】窗口,此时设置完毕。

注意:上述配置只需要配置一次,一旦配置好后就可多次发布而无须重复配置。

(2)发布过程

①显示【Server】视图。选择菜单【Window】→【Show View】→【Servers】命令,如图 1.61 所示。

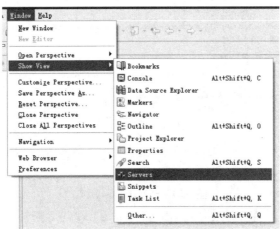

图 1.61　显示 Server 视图

②在 Eclipse 下方会出现 Server 视图,在 Server 视图中单击右键,选择【New】→【Server】命令,如图 1.62 所示。

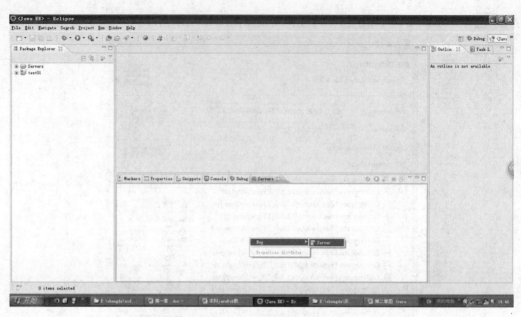

图 1.62 新建 Server

③在弹出的窗口中选择 Tomcat 的版本,这里选择"Tomcat7.0"。单击【Finish】按钮,这时就添加了一个 Tomcat 服务器,如图 1.63、图 1.64 所示(红色圈中就是 Tomcat 服务器)。

图 1.63 选择 Tomcat 版本

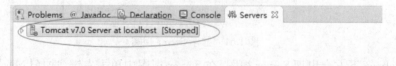

图 1.64 新建 Server

④有了 Tomcat 服务器之后(商店建立起来之后),就要把工程发布到服务器上,在新建的 Tomcat 服务器上右击,选择【Add and Remove】命令,如图 1.65 所示。

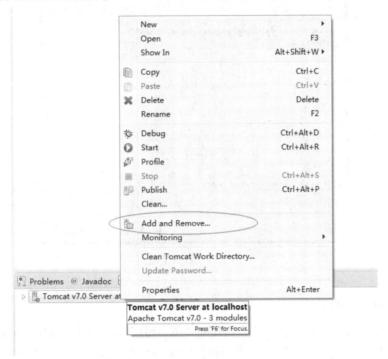

图 1.65　发布工程

⑤在弹出的窗口中的左面选中要发布的工程 test01,单击【Add】按钮,将工程 test01 加入右面的框里,如图 1.66、图 1.67 所示,再单击【Finish】按钮,便完成工程的发布。

图 1.66　发布工程

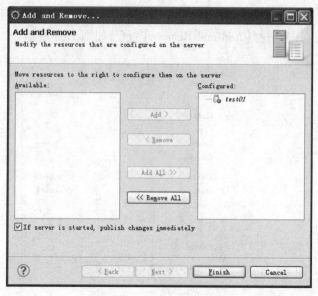

图 1.67　发布工程

1.2.4　JSP 页面的运行

首先是启动 Tomcat 服务器。当在 Eclipse 中配置好 Tomcat 服务器后，Tomcat 服务器的启动可以在 Eclipse 里边进行，也可以通过 Tomcat 自带的管理程序启动。这里建议在 Eclipse 中启动。右键单击建立 Tomcat 服务器，选择【Start】命令，也可以单击画面中圈起来的 ◉ 按钮，如图 1.68 所示。

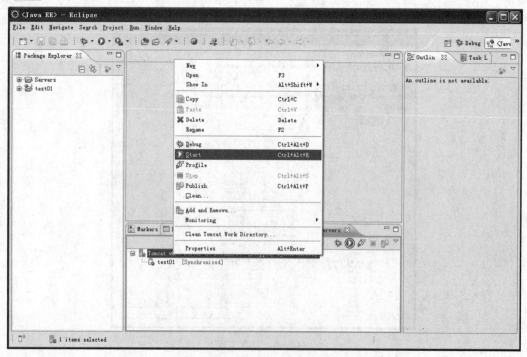

图 1.68　在 Eclipse 中启动 Tomcat

单击【start】命令后，Tomcat 立刻开始启动，Eclipse 的中间下面部分打开一个 Tomcat 运行的信息提示窗口，等待一会儿，若出现如图 1.69 所示情况，Tomcat 便启动成功（注意提示信息的最后一句）。

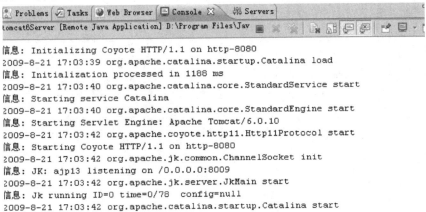

图 1.69　在 Eclipse 中启动 Tomcat 成功

Tomcat 启动成功后，接着就是在浏览器地址栏中输入网页地址进行访问了。那么，输入什么地址呢？访问一个 Tomcat 服务器上的 JSP 网页的地址格式如下：

http://服务器 IP 地址:端口号/发布的工程名/JSP 页面的相对路径

其中，http://是关键字，表示在网上进行访问的协议是 HTTP；服务器 IP 地址指的是 Tomcat 服务器所在的计算机的 IP 地址；端口号对于 Tomcat 来说，默认的是 8080；发布的工程名就是在 Eclipse 中发布 Web 工程的时候所选择的工程名；JSP 页面相对路径是指该页面在所在工程的一个相对路径，在这个路径中是要去掉 WebContent 这一级目录。

比如要访问本章里边所建的 test.jsp 页面，那么访问地址应该是：

http://127.0.0.1:8080/test01/test.jsp

注意：在这个地址里边，127.0.0.1 表示一个通用的 IP，即代表的是本机的 IP（也可以用 localhost 代替，表示本机，即 http://localhost:8080/test01/test.jsp），而 test.jsp 页面相对于 test01 工程的路径应该是 WebContent/test.jsp，但是为什么在访问地址中要去掉 WebContent 这一级目录呢？这是因为 Web 工程在发布到 Web 服务器之后是没有 WebContent 这一级目录的。

1.2.5　实施操作

1. 创建新闻发布系统工程 news

参照"1.2.1 Web 工程的创建"一节的相关内容创建 Web 工程，工程名为 news。

2. 在工程中创建一个 JSP 测试欢迎页面 welcome.jsp

参照"1.2.2 在 Web 工程中新建 JSP 页面"一节的相关内容创建 welcome.jsp 页面，去掉页面中的多余内容，修改页面的编码格式为 UTF-8，在<body>与</body>之间嵌入输出"嗨，你好！"的 Java 代码：

```
<% out.print("嗨,您好!"); %>
```

注意：先不管上面的 Java 代码是怎么来的，只需知道其作用是在页面上输出"嗨，你好！"就行了，本书后面会讲到。

修改完成的整个页面的代码如下：

```
<%@ page language="java" import="java.util.*" pageEncoding="UTF-8"%>
<html>
  <head>
    <title>欢迎页面</title>
  </head>
  <body>
    <% out.print("嗨,您好!"); %>
  </body>
</html>
```

3. 发布工程 news

参照"1.2.3 Web 工程发布"一节的相关内容配置好 Tomcat 服务器，将 news 工程发布到 Tomcat 中。

4. 调试运行页面 welcome.jsp

参照"1.2.4 JSP 页面的运行"一节的相关内容启动 Tomcat 服务器，打开浏览器窗口，在地址栏中输入：

http:// 127.0.0.1:8080/ news/ welcome.jsp

运行结果如图 1.70 所示。

图 1.70　我的第一个 Web 程序

1.3　巩固与提高

1. 选择题

（1）关于 B/S 与 C/S 模式的介绍正确的是(　　)。
　　A.B/S 是浏览器/服务器模式，服务器装好后，用浏览器就可以正常浏览
　　B.C/S 是客户端/服务端模式，服务器装好后，用浏览器就可以正常浏览
　　C.B/S 是浏览器/服务器模式，服务器装好后，其他人还需要在客户端的计算机上安装专用的客户端软件才能正常浏览
　　D.C/S 是浏览器/服务器模式，服务器装好后，其他人还需要在客户端的计算机上安装专用的客户端软件才能正常浏览

(2)Web 开发环境客户端所需具备的技能不包括(　　)。
　　A.HTML 语言　　　　　　　　B.CSS 样式表
　　C.JavaScript 脚本语言　　　　D.Servlet 技术
(3)Web 开发环境服务端所需具备的技能不包括(　　)。
　　A.JSP　　　B.Servlet 技术　　C.JavaScript 脚本语言　　D.Java 语言
(4)创建 Web 应用程序的步骤正确的是(　　)。
　　A.创建 Web 工程→创建 JSP 页面→发布 Web 工程→运行 JSP 页面
　　B.创建 Web 工程→创建 JSP 页面→运行 JSP 页面→发布 Web 工程
　　C.创建 JSP 页面→创建 Web 工程→发布 Web 工程→运行 JSP 页面
　　D.创建 JSP 页面→创建 Web 工程→运行 JSP 页面→发布 Web 工程
(5)关于 JSP 页面中嵌入 Java 代码的描述正确的是(　　)。
　　A.JSP 页面只能嵌入 HTML 代码,不能嵌入 Java 代码
　　B.JSP 页面中的 Java 代码只能嵌入在"<%"与"%>"之间
　　C.JSP 页面中的 Java 代码只能嵌入在"<#"与"#>"之间
　　D.JSP 页面中的任何地方都可以直接写 Java 代码
(6)关于 HTML 语言的描述不正确的是(　　)。
　　A.HTML 是一门用来制作网页的程序语言
　　B.HTML 语言是一种标记语言,不需要编译,直接由浏览器执行
　　C.HTML 语言大小写敏感,HTML 与 html 是不一样的
　　D.HTML 文件必须使用 html 或 htm 为文件名后缀
(7)关于 JavaScript 的描述不正确的是(　　)。
　　A.与 HTML 语言一样,无须编译,直接在浏览器中执行
　　B.基于客户端运行,无须服务端
　　C.是一种解释性的,轻量级的,基于对象的语言
　　D.与 Java 语言一样,需要编译为 class 文件后才能执行
(8)在 helloapp 工程中有一个 hello.jsp,它的文件路径 WebContent/hello/hello.jsp,那么在浏览器端访问 hello.jsp 的 URL 是(　　)。
　　A.http://localhost:8080/hello.jsp
　　B.http://localhost:8080/helloapp/hello.jsp
　　C.http://localhost:8080/helloapp/hello/hello.jsp
　　D.http://localhost:8080/hello/hello.jsp

2.**填空题**
(1)创建一个 Web 项目用到的工具有_____、_____、_____、_____。
(2)本书中用到的 DBMS 是_____。
(3)本书中介绍的 Web 应用服务器是_____。
(4)本书中介绍的集成开发环境是_____。
(5)本书中介绍的数据库是_____。
(6)本书中 Web 应用程序的后台语言是_____。

（7）_____是用于访问和处理数据库的标准的计算机语言。

3.操作题

创建 1 个 Web 项目并创建 1 个 JSP 页面，在页面中显示你的个人信息，效果如图 1.71 所示，内容可自行确定。

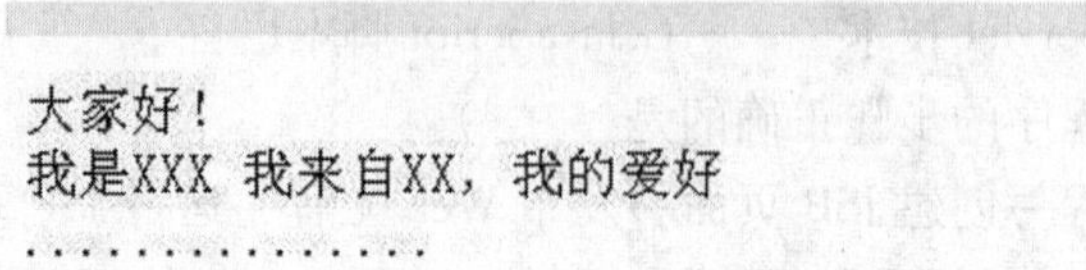

大家好！
我是XXX 我来自XX，我的爱好
....

图 1.71 显示个人信息

第二章 JSP 基础

随着 Web 技术的发展和电子商务时代的到来，人们不再满足于各种静态地发布信息的网站，更多的时候需要能与用户进行交互，并能够提供后台数据库管理和控制等服务的动态网站。所以，开发动态网页成为站点开发人员追求的目标。这里的动态网页不是指页面具有动画或者有活动的内容，而是与用户之间有一种交互的功能，可以根据客户的需求，制作出不同的网页。在此前提下，由 Sun 公司倡导、许多公司参与一起建立的一种动态网页技术标准 JSP（Java Server Pages），被越来越多的业内人士认可和使用。

2.1 JSP 基本语法

在本节将学习：
- JSP 基本概念；
- JSP 页面的基本构成。

2.1.1 JSP 简介

JSP 是 Java Server Pages 的缩写，是由 Sun 公司倡导、许多公司参与，于 1999 年推出的一种动态网页技术标准。JSP 是基于 Java Servlet 以及整个 Java 体系的 Web 开发技术，利用这一技术可以建立安全、跨平台的先进动态网站。目前，这项技术还在不断地更新和优化中。你可能对 Microsoft 的 ASP（Active Server Pages）比较熟悉，ASP 也是一个 Web 服务器端的开发技术，可以开发出动态的、高性能的 Web 服务应用程序。JSP 和 ASP 技术非常相似，ASP 的编程语言是 VBScript 和 JavaScript，而 JSP 使用的是 Java。与 ASP 相比，JSP 以 Java 技术为基础，又在许多方面做了改进，具有动态页面与静态页面分离，能够脱离硬件平台的束缚，以及编译后运行等优点，完全克服了 ASP 的脚本级执行的缺点。需要强调的一点是，要想真正地掌握 JSP 技术，必须有较好的 Java 语言基础，以及 HTML 语言方面的知识。

JSP 页面的理解

在传统的 HTML 页面文件中加入 Java 程序段和 JSP 标签就构成了一个 JSP 页面文件，简单地说，一个 JSP 页面除了普通的 HTML 标记符外，还使用标记符号"<%""%>"加入 Java 程序段。一个 JSP 页面文件的扩展名是 jsp，文件的名字必须符合标识符规定，需要注意的是，JSP 技术基于 Java 语言，名字区分大小写。下面的例子 2-1 是一个简单的 JSP 页面。

[例 2-1]
```
<%@ page language="java" contentType="text/html; charset=UTF-8"
    pageEncoding="UTF-8"%>
<html>
```

```
<head>
<title>Insert title here</title>
</head>
<body>
这是一个JSP页面<br>
<%
    int sum=0;
    for(int i=0;i<=10;i++){
        sum = sum + i;
    }
%>
1 到 10 的和为
<% out.print(sum); %>
</body>
</html>
```

用浏览器访问该 JSP 页面的效果如图 2.1 所示。

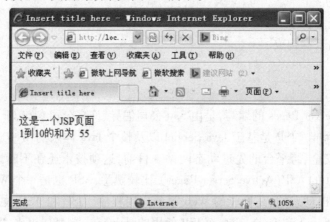

图 2.1　简单的 JSP 页面

下面再来看一个例子,使用 java.util.Date 类取得当前时间并显示在画面上。

[例 2-2]

```
<%@ page language="java" contentType="text/html; charset=UTF-8"
    pageEncoding="UTF-8"%>
<%@ page import="java.util.*"%>
<html>
<head>


<title>Insert title here</title>
</head>
<body>
这是一个JSP页面<br>
```

```
<%
  Date today = new Date();
%><br>
今天是:<% out.print(today); %>
</body>
</html>
```

用浏览器访问该 JSP 页面的效果如图 2.2 所示。

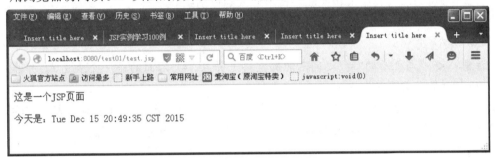

图 2.2 简单的 JSP 页面

2.1.2 JSP 页面的脚本元素及注释

JSP 页面由 5 类元素构成,见表 2.1。

表 2.1 JSP 页面的元素

元　素	说　明
HTML 标记元素	给出网页的框架,被放置在导引符"<"和">"之间
JSP 脚本元素	脚本元素实际上就是 Java 语言,主要包括 Java 变量、方法和类的声明、Java 表达式、Java 程序片等
JSP 指令标签	包括 page 指令、include 指令、taglib 指令
JSP 动作标签	包括 include 动作、param 动作、params 动作、forward 动作、useBean 动作、setProperty 动作、getProperty 动作
注释	不会被程序执行的代码,用于开发的提示性语言

一个典型的 JSP 页面文件是由 HTML 标记、JSP 脚本、标签等组成。HTML 标记给出网页的框架,是页面的静态部分;而脚本元素给出页面的动态部分。也就是说,在传统的 HTML 页面文件中加入 JSP 标签和 JSP 脚本等就构成了一个 JSP 页面文件。

HTML 标记在这里就不再多加叙述。JSP 指令标签和动作标签将在下一节详细介绍。下面简单介绍一下 JSP 脚本元素与注释。

1.JSP 脚本元素

JSP 脚本元素包括脚本(Scriplets)、表达式(Expression)、声明(Declaration)。

（1）脚本（Scriplets）

位于<%和%>之间的代码,它是合法的 Java 代码。

语法：

<% 程序代码,一行或多行 %>

在前面的例子 2-1、2-2 中已经使用过了。

（2）表达式（Expression）

计算该表达式,将其结果转换成字符串插入到输出中。

语法：

<%＝表达式 %>

注意："<%"与之后的"＝"之间不能有空格。并且"＝"后面的是一个表达式,并非一个语句,所以句尾不需要";"。

可以在"<%＝"和"%>"之间插入一个表达式,这个表达式必须能求值。表达式的值由服务器负责计算,并将计算结果用字符串形式发送到客户端显示。如下面的例子。

[例 2-3]

```
<%@ page language="java" contentType="text/html; charset=UTF-8"
    pageEncoding="UTF-8"%>
<html>
<head>

<title>Insert title here</title>
</head>
<body>

3 的平方等于:<% =3*3 %>
<br>
100>99 吗？ <% =100>99 %>

</body>
</html>
```

用浏览器访问该 JSP 页面,效果如图 2.3 所示。

图 2.3　JSP 中的表达式

(3)声明(Declaration)

用于在 JSP 中声明合法的变量、方法和类。

语法:

<%! 代码内容 %>

注意:"<%"与之后的"!"之间不能有空格。

声明变量举例:

[例 2-4]

```
<%!
int i = 10;
String name = '小白';
%>
```

注意:"<%"与之后的"!"之间不能有空格。

"<%!"和"%>"之间声明的变量在整个 JSP 页面内都有效,因为 JSP 引擎将 JSP 页面转译成 Java 文件时,将这些变量作为类的成员变量。这些变量的内存空间直到服务器关闭才释放。当多个客户请求一个 JSP 页面时,JSP 引擎为每个客户启动一个线程,这些线程由 JSP 引擎服务器来管理,这些线程共享 JSP 页面的成员变量,因此任何一个用户对 JSP 页面成员变量操作的结果,都会影响其他用户。

下面的例子利用成员变量被所有用户共享这一性质,实现了一个简单的计数器。

[例 2-5]

```
<%@ page language="java" contentType="text/html; charset=UTF-8"
    pageEncoding="UTF-8"%>
<html>
<head>

<title>Insert title here</title>
</head>
<body>

<%! int i=0;%>
<% i++;%>

<P>您是第<%=i%>个访问本站的客户。

</body>
</html>
```

用浏览器访问该 JSP 页面,每次刷新,或者重新打开,则 i 会被+1,但如果重启服务器,则 i 会被重新赋值为 0,效果如图 2.4 所示。

"<%!"和"%>"之间声明一个类,该类在 JSP 页面内有效,即在 JSP 页面的 Java 程序段部分可以使用该类创建对象。在下面的例子中定义了一个 People 类,该类有成员变量 name、age、sex,还有方法 growth 负责给年龄 age 加 1。

图 2.4 JSP 中声明变量

[例 2-6]

```
<%@ page language="java" contentType="text/html; charset=UTF-8"
    pageEncoding="UTF-8"%>
<html>
<head>

<title>Insert title here</title>
</head>
<body>

<%! public class People{
        public String name;
        public int age;
        public String sex;
    public void growth(){
        age = age + 1;
    }
}%>
<% People p = new People();
  p.age=10;
  p.growth();%>

现在的年龄是<%=p.age%>岁
</body>
</html>
```

用浏览器访问该 JSP 页面,效果如图 2.5 所示。

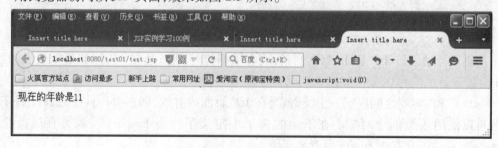

图 2.5 JSP 中声明类

2.JSP 注释

在编写程序时,每个程序员都要养成给出注释的好习惯,合理、详细的注释有利于代码后期的维护和阅读。在 JSP 文件的编写过程中共有 3 种注释方法。

(1)HTML 的注释方法

其使用格式是:<!--html 注释-->。其中的注释内容在客户端浏览里是看不见的,如下面的 JSP 文件。

[例 2-7]

```
<%@ page language="java" contentType="text/html; charset=UTF-8"
    pageEncoding="UTF-8"%>
<html>
<head>

<title>Insert title here</title>
</head>
<body>
JSP 页面
<!--这是注释 -->

</body>
</html>
```

用浏览器访问该 JSP 页面,效果如图 2.6 所示。

图 2.6　HTML 注释

但是查看源代码时,客户端可以看到这些注释内容,如图 2.7 所示。这种注释方法是不安全的,而且会加大网络的传输负担。

(2)JSP 注释标记(隐藏注释)

其使用格式是:<%--JSP 注释--%>。在客户端通过查看源代码时看不到注释中的内容,安全性比较高。

[例 2-8]

```
<%@ page language="java" contentType="text/html; charset=UTF-8"
```

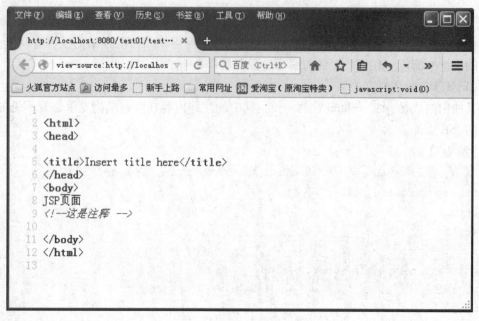

图 2.7 HTML 注释源代码

```
    pageEncoding="UTF-8"% >
<html>
<head>

<title>Insert title here</title>
</head>
<body>
JSP 页面
<% --这是注释 --% >

</body>
</html>
```

用浏览器访问该 JSP 页面,效果还是如图 2.6 所示,但查看该页面源代码,如图 2.8 所示。

(3)在 JSP 脚本中使用注释

脚本就是嵌入<%和%>标记之间的程序代码,使用的语言是 Java,因此,在脚本中进行注释和在 Java 类中进行注释的方法一样。

其使用格式是:<%//单行注释%>、<%/ * 多行注释 * /%>。

图 2.8　JSP 注释标记

2.2　JSP 指令标签与动作标签

在本节将学习：
- JSP 的 3 种指令标签的使用；
- JSP 常用动作标签的使用。

2.2.1　JSP 指令标签

JSP 指令标签一共有 3 种：page 指令、include 指令、taglib 指令。
语法如下：
<%@ page　　　属性 = "值" %>
<%@ include　　属性 = "值" %>
<%@ taglib　　 属性 = "值" %>
注意："<%"与之后的"@"之间不能有空格。

1. page 指令

page 指令用来定义整个 JSP 页面的一些属性和这些属性的值。例如，我们可以用 page 指令定义 JSP 页面的 contentType 属性的值为"text/html;charset=GB2312"，这样，页面就可以显示标准汉语。例如：

<%@ page contentType="text/html;charset=GB2312" %>

page 指令的语法如下：
<%@ page 属性 1 = "属性 1 的值" 属性 2 = "属性 2 的值" ……%>

属性值总是用单引号或引号双号括起来,例如:
```
<%@ page contentType="text/html;charset=GB2312" import="java.util.*"%>
```
如果为一个属性指定几个值,这些值要用逗号分隔。page 指令只能给 import 属性指定多个值;其他属性只能指定一个值。例如:
```
<%@ page import="java.util.*","java.io.*","java.awt.*"%>
```
当为 import 指定多个属性值时,JSP 引擎把 JSP 页面转译成的 Java 文件中会有如下的 import 语句:
```
import java.util.*;
import java.io.*;
import java.awt.*;
```
在一个 JSP 页面中,也可以使用多个 page 指令来指定属性及其值。
```
<%@ page 属性1="属性1 的值1"%>
<%@ page 属性2="属性2 的值2"%>
```
注意:可以使用多个 page 指令给属性 import 几个值,但其他属性只能使用一次 page 指令指定该属性一个值。例如:
```
<%@ page contentType="text/html;charset=GB2312"%>
<%@ page import="java.util.*"%>
<%@ page import="java.util.*","java.awt.*"%>
```
下列用法是错误的:
```
<%@ page contentType="text/html;charset=GB2312"%>
<%@ page contentType="text/html;charset=GB2312"%>
```
尽管指定的属性值相同,也不允许两次使用 Page 给 contentType 属性指定属性值。

注意:page 指令的作用对整个页面有效,与其书写的位置无关,但习惯把 page 指令写在 JSP 页面的最前面。

下面我们分别来看 page 指令的各个属性。

(1)language 属性

定义 JSP 页面使用的脚本语言,该属性的值目前只能取"java"。为 language 属性指定值的格式为:
```
<%@ page language="java"%>
```
language 属性的默认值是"java",即如果你在 JSP 页面中没有使用 page 指令指定该属性的值的话,那么,JSP 页面默认有如下 page 指令:
```
<%@ page language="java"%>
```
(2)import 属性

该属性的作用是为 JSP 页面引入 Java 核心包中的类,这样就可以在 JSP 页面的程序段部分、变量及函数声明部分、表达式部分使用包中的类。可以为该属性指定多个值,该属性的值可以是 Java 某包中的所有类或一个具体的类,例如:
```
<%@ page import="java.io.*","java.util.Date"%>
```
JSP 页面默认 import 属性已经有如下的值:

" java.lang. * ","javax.servlet. * ","javax.servlet.jsp. * ","javax.servlet.http. * "。

（3）contentType 属性

该属性用于定义 JSP 页面响应的 MIME(Multipurpose Internet Mail Extention)类型和 JSP 页面字符的编码。属性值的一般形式是：

"MIME 类型"或"MIME 类型;charset=编码",例如：

```
<%@ page contentType="text/html;charset=GB2312"%>
```

contentType 属性的默认值是"text/html ; charset=ISO-8859-1"。

（4）session 属性

该属性用于设置是否需要使用内置的 session 对象。session 内置对象将在下一节详细讲述。

session 的属性值可以是 true 或 false,session 属性默认的属性值是 true。

（5）buffer 属性

内置输出流对象 out 负责将服务器的某些信息或运行结果发送到客户端显示,buffer 属性用来指定 out 设置的缓冲区大小或不使用缓冲区。

buffer 属性可以取值"none",设置 out 不使用缓冲区。buffer 属性的默认值是 8 kb。

例如：

```
<%@ page buffer = "24kb"%>
```

（6）autoFlush 属性

该属性用于指定 out 的缓冲区被填满时,缓冲区是否自动刷新。

autoFlush 可以取值 true 或 false。autoFlush 属性的默认值是 true。当 autoFlush 属性取值 false 时,如果 out 的缓冲区填满时,就会出现缓存溢出异常。当 buffer 的值是"none"时, autoFlush的值就不能设置成 false。

（7）isThreadSafe 属性

该属性用来设置 JSP 页面是否可多线程访问。

isThreadSafe 的属性值取 true 或 false。当 isThreadSafe 属性值设置为 true 时,JSP 页面能同时响应多个客户的请求;当 isThreadSafe 属性值设置成 false 时,JSP 页面同一时刻只能处理响应一个客户的请求,其他客户需排队等待。isThreadSafe 属性的默认值是 true。

（8）info 属性

该属性用于为 JSP 页面准备的一个字符串,属性值是某个字符串。例如：

```
<%@ page info="this is a sample"%>
```

可以在 JSP 页面中使用方法:getServletInfo( );获取 info 属性的属性值。例如：

[例 2-9]

```
<%@ page language="java" contentType="text/html; charset=UTF-8"
    pageEncoding="UTF-8"%>
<%@ page info="this is a sample!"%>
<html>
<head>

<title>Insert title here</title>
```

```
</head>
<body>
JSP 页面<br>
<% =getServletInfo()%>

</body>
</html>
```

注意：当 JSP 页面被转译成 Java 文件时，转译成的类是 Servlet 的一个子类，所以在 JSP 页面中可以使用 Servlet 类的方法：getServletInfo()。

用浏览器访问该 JSP 页面，效果如图 2.9 所示。

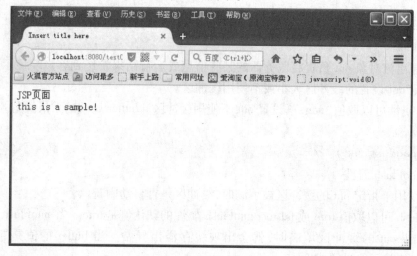

图 2.9　info 属性

(9) errorPage 属性

errorPage 的作用是设置当前页面为错误页面，当在别的页面设置 errorPage = "error 画面 url 地址" 后，在设置页面出现问题后就自动会跳转到 url 地址的错误页面。

(10) isErrorPage 属性

该属性用于指定当前这个页面是否为错误页面。如果其他的页面发生错误，就会跳转到这里来。errorPage 与 isErrorPage 属性一般是配合使用的，例如：

［例 2-10］

test.jsp

```
<%@ page language="java" contentType="text/html; charset=UTF-8"
    pageEncoding="UTF-8" errorPage="error.jsp"%>
<html>
<head>


<title>Insert title here</title>
</head>
<body>
```

```
JSP 页面<br>
<%=1/0%>
</body>
</html>
```

error.jsp

```
<%@ page language="java" contentType="text/html; charset=UTF-8"
    pageEncoding="UTF-8" isErrorPage="true"%>
<!DOCTYPE html PUBLIC "-//W3C//DTD HTML 4.01 Transitional//EN" "http://www.w3.org/TR/html4/loose.dtd">
<html>
<head>
<meta http-equiv="Content-Type" content="text/html; charset=UTF-8">
<title>Insert title here</title>
</head>
<body>
这是错误页面
</body>
</html>
```

用浏览器访问该 test.jsp 页面时,因为出现了除数为 0 的数学错误,所以会直接跳转到 errorPage 属性指定的错误页面 error.jsp,效果如图 2.10 所示。

图 2.10　错误页面

2.include 指令

include 指令用于在 JSP 页面中静态包含一个文件。

该文件可以是 JSP 页面、HTML 网页、文本文件或一段 Java 代码。

include 指令的语法如下:

<%@ include file="包含文件的路径与名称" %>

使用了 include 指令的 JSP 页面在转换时,JSP 容器会在其中插入所包含文件的文本或代码。

[例 2-11]

a.jsp

```
<html>
  <body>
  this is a.jsp
  </body>
</html>
```

b.jsp

```
<html>
  <body>
  this is b.jsp
  </body>
</html>
```

test.jsp

```
<%@ page language="java" contentType="text/html; charset=UTF-8"
    pageEncoding="UTF-8"%>
<html>
<head>

<title>Insert title here</title>
</head>
<body>
<%@ include file="a.jsp"%><br>
JSP 页面<br>
<%@ include file="b.jsp"%><br>

</body>
</html>
```

用浏览器访问该 test.jsp 页面，效果如图 2.11 所示。

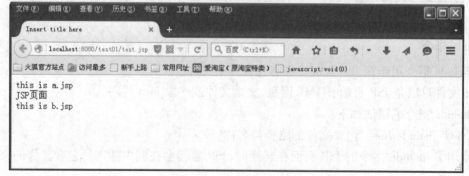

图 2.11　include 指令标签

3.taglib 指令

用于导入标签库，taglib 指令的语法如下：

<%@ taglib uri="标签库 uri" prefix="前缀" %>

- uri 属性　用来指定标签库的存放位置。
- prefix 属性　指定该标签库必须使用的前缀。

例如：

<%@ taglib uri="/struts-tags" prefix="s" %>

2.2.2　JSP 动作标签

动作标签是一种特殊的标签，影响 JSP 运行时的功能。JSP 中的常用动作为：include，forward，useBean，getProperty，setProperty，Param。

JSP 动作的语法为：

<jsp:动作名称 属性1="属性1的值1" 属性2="属性2的值2"……/>

1.include 动作

<jsp: include>:在用户请求时包含文件(动态包含)

Include 动作的语法如下：

<jsp:include page="包含文件的路径与名称"/>

该动作标签告诉 JSP 页面动态包含一个文件，即包含和被包含的文件各自编译，当用户请求页面时，才动态地将文件加入。

[例 2-12]

test.jsp

```
<%@ page language="java" contentType="text/html; charset=UTF-8"
    pageEncoding="UTF-8" %>
<html>
<head>

<title>Insert title here</title>
</head>
<body>
<jsp:include page="a.jsp" /><br>
JSP 页面<br>
<jsp:include page="b.jsp"/>
</body>
</html>
```

用浏览器访问该页面，效果如图 2.12 所示。

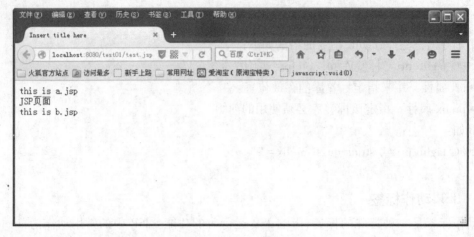

图 2.12　include 动作标签

从视觉效果上看,<%@ include %>是指令标签,与<jsp:include />动作标签没有什么太大的差别。但是,include 动作标签与静态插入文件的 include 指令标签有很大的不同。动作标签是在执行时才对包含的文件进行处理,因此,JSP 页面和它所包含的文件在逻辑和语法上是独立的。如果你对包含的文件进行了修改,那么运行时将会看到所包含文件修改后的结果。而静态 include 指令包含的文件如果发生了变化,就必须重新将 JSP 页面转译成 java 文件(可将该 JSP 页面重新保存,然后再访问,就可产生新的转译 Java 文件),否则只能看到所包含的修改前的文件内容。

include 指令和 include 动作的区别:

● 指令执行速度相对较快,灵活性较差(只编译一个文件,但是一旦有一个文件发生变化,两个文件都要重新编译);动作执行速度相对较慢,灵活性较高。

● 在使用时,如果是静态页面,则使用 include 指令;如果是动态页面,则使用 include 动作。

2. forward 动作

<jsp:forward>:转发用户请求。

forword 动作的语法如下:

<jsp:forward page="跳转文件的路径与名称"/>

forward 动作的作用是:重定向一个 html、jsp,或者是一个程序段,也就是跳转到另外一个页面。这是一种服务器端的跳转(转发带请求的数据,URL 地址不变)。

[例 2-13]

a.jsp

```
<html>
   <body>
   this is a.jsp
   <jsp:forward page='b.jsp'></jsp:forward>
   </body>
</html>
```

b.jsp
```html
<html>
  <body>
    this is b.jsp
  </body>
</html>
```

用浏览器访问该 a.jsp，却显示的是 b.jsp 画面，这就是因为 forward 动作的页面跳转作用，效果如图 2.13 所示。

图 2.13 forward 动作标签

3.useBean 动作

<jsp:useBean>：在 JSP 页面中创建一个 Bean 实例并指定它的名字和作用范围。

Bean：直译为豆子，可以理解为一个相对独立的实体。

Javabean：就是一个普通的 Java 类。

Javabean 的特点：

- 构造方法没有参数；
- 成员变量安全，最好定义为私有；
- 需要访问的成员变量应该有 get 和 set 方法。

（1）useBean 动作的语法

<jsp:useBean id="bean 的名字" class="bean 类路径与类名" scope="可用范围"/>

①id：bean 的名字，用来表示这个实例。

②scope：表示此对象可以使用的范围；可取值为以下几种：

- page：有效范围为包含<jsp:useBean>元素的 JSP 文件以及此文件中的所有静态包含文件，直到页面执行完毕向客户端发回响应或转到另一个页面为止。
- request：有效范围为任何执行相同请求的 JSP 页面中，直到页面执行完毕向客户端发回响应或转到另一个页面为止。
- session：有效范围为从创建 JavaBean 开始，在任何使用相同 session 的 JSP 页面中，直到 sessions 结束。这个 JavaBean 实例存在于整个 session 生存周期内，任何此 session 中的 JSP 页面都能使用同一 JavaBean 实例。
- application：有效范围为从创建 JavaBean 开始，在应用程序的所有 JSP 页面中都有效。这个 JavaBean 实例存在于整个 application 生存周期内，直到服务器关闭才被取消。

③class:Bean 的类路径和类名。

(2)创建 JavaBean 的两种方式

①使用嵌入 Java 代码的方式,其代码如下:

```
<%
reg.Register register=new reg.Register();
%>
```

②使用 useBean 标签的方式,其代码如下:

```
<jsp:useBean id="register" class="reg.Register" scope="request"/>
```

两者是等价的,这两种方式的等价关系图如图 2.14 所示(注意箭头所指部分等价)。

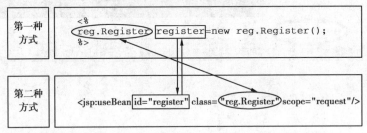

图 2.14 在 JSP 页面中创建类的对象的两种方式的等价关系

useBean 动作经常也和 getProperty、setProperty 动作一起使用。

4.getProperty 与 setProperty 动作

<jsp:getProperty> <jsp:setProperty>:获取与设置 Bean 的属性值,用于显示在页面中。

getProperty 与 setProperty 动作的语法如下:

<jsp:setProperty name="bean 的名字" property="属性名" value="值"/>

<jsp:getProperty name="bean 的名字" propertry="属性名"/>

- name 属性:设为要用的 Javabean 的名字,也就是 userBean 动作标签 id 属性的值。
- property 属性:Java 类中成员变量的名字。
- value 属性:赋给 Java 类中成员变量的值。

有一个 Java 类 User.java,它有 username 和 password 两个成员变量。

[例 2-14]

```
package model;

public class User{
    private String username;
    private String password;
    public String getUsername(){
        return username;
    }
    public void setUsername(String username){
        this.username = username;
    }
```

```java
    public String getPassword() {
        return password;
    }
    public void setPassword(String password) {
        this.password = password;
    }
}
```

test.jsp

```jsp
<%@ page language="java" contentType="text/html; charset=UTF-8"
    pageEncoding="UTF-8" %>
<html>
<head>

<title>Insert title here</title>
</head>
<body>
<jsp:useBean id="user" class="model.User"></jsp:useBean>
<jsp:setProperty name="user" property="username" value="jack" />
<jsp:setProperty name="user" property="password" value="123" />

用户名:<jsp:getProperty name="user" property="username" />
<br>
密  码:<jsp:getProperty name="user" property="password" />
</body>
</html>
```

test.jsp 创建了一个 Javabean,名叫 user,使用 setProperty 动作给这个 Javabean 的成员变量赋值,然后使用 getProperty 取出其值。用浏览器访问 test.jsp,效果如图 2.15 所示。

图 2.15　useBean,getProperty,setProperty 动作标签

5.param 与 params 动作

<jsp:param>:用于传递参数。以"名字—值"对的形式为其他标签提供附加信息。

param 动作的语法如下:

<jsp:param name="名字" value="指定给 param 的值">

param 与 params 动作元素不能单独使用,可以与 jsp:include、jsp:forward、jsp:plugin 标签一起使用。现在来看一下页面是如何给被其包含的页面传递参数的。

当该标签与 jsp:include 标签一起使用时,可以将 param 标签中的值传递到 include 指令要加载的文件中去,因此 include 动作标签如果结合 param 标签,可以在加载文件的过程中向该文件提供信息。

[例 2-15]

test.jsp

```
<%@ page language="java" contentType="text/html; charset=UTF-8"
    pageEncoding="UTF-8" %>
<html>
<head>
<title>Insert title here</title>
</head>
<body>
    包含页面<br>
  <jsp:include page="a.jsp">
      <jsp:param value="this is param" name="id"/>
  </jsp:include>

</body>
</html>
```

a.jsp

```
<%@ page language="java" contentType="text/html; charset=UTF-8"
  pageEncoding="UTF-8" %>
<html>
<head>

<title>Insert title here</title>
</head>
<body>

<% = request.getParameter("id") %>

</body>
```

```
</html>
```

用浏览器访问 test.jsp,效果如图 2.16 所示。

图 2.16 param 动作标签

2.3 JSP 内置对象

在本节将学习:
- JSP 内置对象的概念;
- JSP 常用内置对象的使用。

JSP 内置对象是一些不用声明,也不用像一般的 Java 对象那样用"new"去获取实例的对象,这些对象可以直接在 JSP 页面的脚本部分使用。

JSP 的内置对象一共有 9 个,大致分为 4 类,其分类结构如图 2.17 所示。

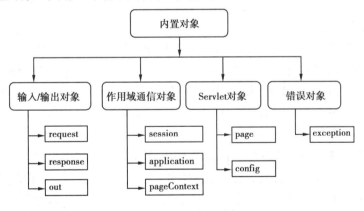

图 2.17 JSP 内置对象

2.3.1 request 对象

1.request 对象简介

response 和 request 对象是 JSP 的内置对象中较重要的两个,这两个对象提供了对服务器和浏览器通信方法的控制。

HTTP 通信协议是客户与服务器之间一种提交(请求)信息与响应信息(request/respone)的通信协议。在 JSP 中,内置对象 request 封装了用户提交的信息,即使用 HTTP 协议处理客户端请求时,表单提交的数据就存放在 request 对象中。

那么,使用 request 对象相应的方法可以获取封装的信息,即使用该对象可以获取用户提交的信息。

2. request 对象的常用方法

(1) String getParameter(String name)

根据键去获取 request 中存放对象的值。参数 name 就是键。关于参数"键"可以这样理解,当你去超市买东西时,可能会寄存行李,寄存行李的时候为了能找回你寄存的行李,营业员会给你一个凭据,你通过凭据将行李取回,这个凭据就是参数"键"。

(2) String[ ] getParameterValues(String name)

根据页面表单中的输入控件名称获取对应的多个值,一般用于获取复选框、复选列表框等输入控件,获取里边输入的多个值;参数 name 表示输入控件的名称。

客户通常使用 HTML 表单向服务器的某个 JSP 页面提交信息表单的一般格式是:

```
<FORM method="get" action="提交信息的目的地页面">
表单内容
</FORM>
```

其中<Form>是表单标签,method 取值 get 或 post。post 表示直接从输入设备(键盘、鼠标)获得,get 表示从表单中定义的变量中获得。为了中文的良好支持,建议使用 post。get 方法和 post 方法的主要区别是:使用 get 方法提交的信息会在提交的过程中显示在浏览器的地址栏中,而 post 方法提交的信息不会显示在地址栏中。

友情提示:

关于 post 与 get 的区别

get 是用来从服务器上获得数据,而 post 是用来向服务器上传递数据。

get 将表单中数据的按照 variable=value 的形式,添加到 action 所指向的 URL 后面,并且两者使用"?"连接,而各个变量之间使用"&"连接;post 是将表单中的数据放在 form 的数据体中,按照变量和值相对应的方式,传递到 action 所指向的 URL。

get 是不安全的,因为在传输过程,数据被放在请求的 URL 中,而如今现有的很多服务器、代理服务器或者用户代理都会将请求 URL 记录到日志文件中,然后放在某个地方,这样就可能会有一些隐私的信息被第三方看到。另外,用户也可以在浏览器上直接看到提交的数据,一些系统内部消息也会一同显示在用户面前。而 post 的所有操作对用户来说都是不可见的。

get 传输的数据量小,这主要是因为受 URL 长度限制;而 post 可以传输大量的数据,所以上传文件只能使用 post。

限制 form 表单的数据集的值必须为 ASCII 字符;而 post 支持整个 ISO10646 字符集。

get 是 form 标签的默认方法。

表单内容包括:文本框、下拉列表、复选框等,如下例。

[例 2-16]

test.jsp

```
<%@ page language="java" contentType="text/html; charset=UTF-8"
    pageEncoding="UTF-8"%>
<html>
<head>

<title>Insert title here</title>
</head>
<body>
    <FORM action="next.jsp" method="post">
      <INPUT type="text" name="boy" value="ok">
      <INPUT TYPE="submit" value="提交" name="submit">
    </FORM>
</body>
</html>
```

该表单使用 post 方法向页面 next.jsp 提交信息,提交信息的手段是:在文本框输入信息,其中默认信息是"ok";然后单击【提交】按钮向服务器的 JSP 页面 next.jsp 提交信息。这些信息都被封装在了 request 对象中,在 next.jsp 页面就可以通过 request 对象取值使用。

request 对象可以使用 getParameter(String s)方法获取该表单通过 text 文本框提交的信息,该方法的参数为 jsp 画面控件的 name 属性的值。

[例 2-17]

next.jsp

```
<%@ page language="java" contentType="text/html; charset=UTF-8"
    pageEncoding="UTF-8"%>
<html>
<head>

<title>Insert title here</title>
</head>
<body>
    <%=request.getParameter("boy")%>
</body>
</html>
```

用浏览器访问 test.jsp,效果如图 2.18 所示。单击提交后跳转到 next.jsp 画面,效果如图 2.19 所示。

(3) getRequestDispatcher(String location).forward(request,response)

进行请求转发,参数 location 为请求转发页面文件的 URL 地址。例如下面的例子,如果客户输入的表单信息长度不够(长度小于 5),就会被引导到一个错误页面。

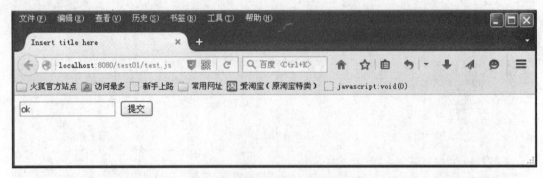

图 2.18 request 对象使用

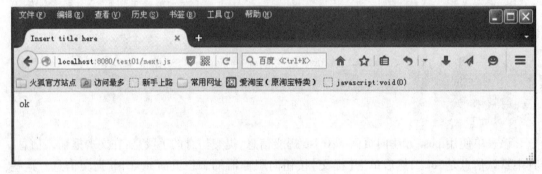

图 2.19 request 对象使用

[例 2-18]

test.jsp

```
<%@ page language="java" contentType="text/html; charset=UTF-8"
    pageEncoding="UTF-8" %>
<html>
<head>

<title>Insert title here</title>
</head>
<body>
    <FORM action="next.jsp" method="post">
      <INPUT type="text" name="boy" value="ok">
      <INPUT TYPE="submit" value="提交" name="submit">
    </FORM>
</body>
```

next.jsp

```
<%@ page language="java" contentType="text/html; charset=UTF-8"
    pageEncoding="UTF-8" %>
<html>
<head>
```

```
<title>Insert title here</title>
</head>
<body>

<% String str=request.getParameter("boy");
   if(str.length()<5){
   request.getRequestDispatcher("error.jsp").forward(request,response);
   }
   else
   {
     out.print("欢迎您来到本网页!");
     out.print(str);
   }
%>

</body>
</html>
```

error.jsp

```
<%@ page language="java" contentType="text/html; charset=UTF-8"
   pageEncoding="UTF-8" %>
<html>
<head>



<title>Insert title here</title>
</head>
<body>
    出错了！你输入长度不够！
    <%=request.getParameter("boy") %>
</body>
```

用浏览器访问 test.jsp，效果如图 2.20 所示。当在文本框中输入"123456"或者"1234"，单击"提交"按钮后，会根据条件，分别跳转到如图 2.21 和图 2.22 所示的画面。

还可以使用 JSP 的内置对象 request 对象的其他方法来获取客户提交的信息。

(4) getProtocol( )

获取客户向服务器提交信息所使用的通信协议，比如 HTTP/1.1 等。

(5) getServletPath( )

获取客户请求的 JSP 页面文件的目录。

(6) getContentLength( )

获取客户提交的整个信息的长度。

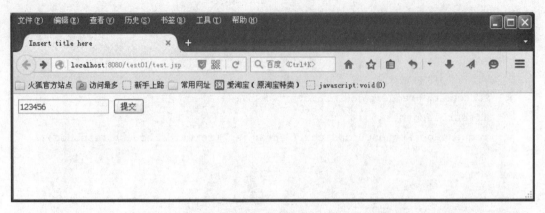

图 2.20　请求转发—1

图 2.21　请求转发—2

图 2.22　请求转发—3

（7）getMethod( )

获取客户提交信息的方式，如：post 或 get。

（8）getHeader(String s)

获取 HTTP 头文件中由参数 s 指定的头名字的值，一般来说 s 参数可取的头名有：accept，referer，accept-language，content-type，accept-encoding，user-agent，host，content-length，connection，cookie 等，例如，s 取值 user-agent 将获取客户的浏览器的版本号等信息。

（9）getHeaderNames( )

获取头名字的一个枚举。

（10）getHeaders(String s)

获取头文件中指定头名字的全部值的一个枚举。

（11）getRemoteAddr( )

获取客户的 IP 地址。

（12）getRemoteHost( )

获取客户机的名称(如果获取不到,就获取 IP 地址)。

（13）getServerName( )

获取服务器的名称。

（14）getServerPort( )

获取服务器的端口号。

（15）getParameterNames( )

获取客户提交的信息体部分中 name 参数值的一个枚举。

将例 2-18 的 test.jsp 不变,对 next.jsp 进行改造。

[例 2-19]

next.jsp

```
<%@ page language="java" contentType="text/html; charset=UTF-8"
    pageEncoding="UTF-8"%>
<%@ page import="java.util.*"%>
<html>
<head>

<title>Insert title here</title>
</head>
<body>

<BR>客户使用的协议是:<%=request.getProtocol()%>

<BR>获取接受客户提交信息的页面:<%=request.getServletPath()%>

<BR>接受客户提交信息的长度:<%=request.getContentLength()%>

<BR>客户提交信息的方式:<%=request.getMethod()%>

<BR>获取 HTTP 头文件中 User-Agent 的值:<%=request.getHeader("User-Agent")%>

<BR>获取 HTTP 头文件中 accept 的值:<%=request.getHeader("accept")%>

<BR>获取 HTTP 头文件中 Host 的值:<%=request.getHeader("Host")%>
```

```
<BR>获取HTTP头文件中accept-encoding的值:
<%=request.getHeader("accept-encoding")%>

<BR>获取客户的IP地址:<%=request.getRemoteAddr()%>

<BR>获取客户机的名称:<%=request.getRemoteHost()%>

<BR>获取服务器的名称:<%=request.getServerName()%>

<BR>获取服务器的端口号:<%=request.getServerPort()%>

<BR>获取客户端提交的所有参数的名字:
<% Enumeration e=request.getParameterNames();
while(e.hasMoreElements())
{String s=(String)e.nextElement();
out.println(s);
}
%>

<BR>获取头名字的一个枚举:
<% Enumeration enum_headed=request.getHeaderNames();
while(enum_headed.hasMoreElements())
{String s=(String)enum_headed.nextElement();
out.println(s);
}
%>

<BR>获取头文件中指定头名字的全部值的一个枚举:
<% Enumeration enum_headedValues=request.getHeaders("cookie");
while(enum_headedValues.hasMoreElements())
{String s=(String)enum_headedValues.nextElement();
out.println(s);
}
%>
<BR>
<P>文本框text提交的信息:
<%=request.getParameter("boy")%>
<BR>

</body>
</html>
```

用浏览器访问 test.jsp,效果如图 2.18 所示。单击提交后跳转到 next.jsp 画面,效果如图

图 2.23 所示。

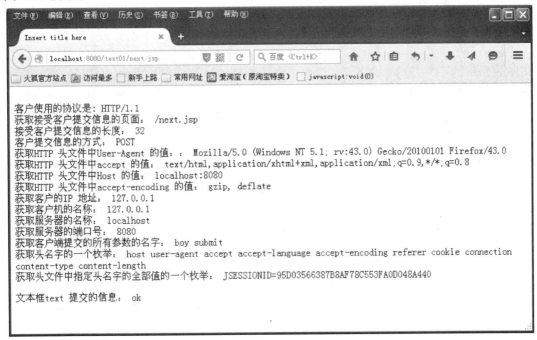

图 2.23　request 对象使用

2.3.2　response 对象

1. response 对象简介

当客户访问一个服务器的页面时,会提交一个 HTTP 请求,服务器收到请求时,返回 HTTP 响应。响应和请求类似,也有某种结构,每个响应都由状态行开始,可以包含几个头及可能的信息体(网页的结果输出部分)。

上一节学习了用 request 对象获取客户请求提交的信息,与 request 对象相对应的对象是 response 对象。可以用 response 对象对客户的请求做出动态响应,向客户端发送数据。例如,当一个客户请求访问一个 JSP 页面时,该页面用 page 指令设置页面的 contentType 属性的值是 text/html,那么,JSP 引擎将按照这种属性值响应客户对页面的请求,将页面的静态部分返回给客户。如果想动态地改变 contentType 的属性值就需要用 response 对象改变页面的这个属性的值,作出动态的响应。

2. response 对象的常用方法

　　void response.sendRedirect(String location)

response 也可以重定向页面。在某些情况下,当响应客户时,需要将客户重新引导至另一个页面。参数是重定向的页面文件的 URL 地址。

[例 2-20] 沿用例 2.18 中的 test.jsp 与 error.jsp 都不变,将 next.jsp 稍微改动如下。

next.jsp

```jsp
<%@ page language="java" contentType="text/html; charset=UTF-8"
    pageEncoding="UTF-8"%>
<html>
<head>

<title>Insert title here</title>
</head>
<body>

<% String str=request.getParameter("boy");
   if(str.length()<5){
     response.sendRedirect("error.jsp");
   }
   else
   {
      out.print("欢迎您来到本网页!");
      out.print(str);
   }
%>

</body>
</html>
```

用浏览器访问 test.jsp，效果如图 2.24 所示。当在文本框中输入"123456"或者"1234"，单击"提交"按钮后，会根据条件，分别跳转到如图 2.25 和图 2.26 所示的画面。

现在发现这个例子跟前面的例子有什么不同了吗？比较图 2.22 与图 2.26，有两个地方不一样。request.getRequestDispatcher( ).forward( ) 与 response.sendRedirect( ) 都可以用于页面迁移，下面来讨论它们的区别。

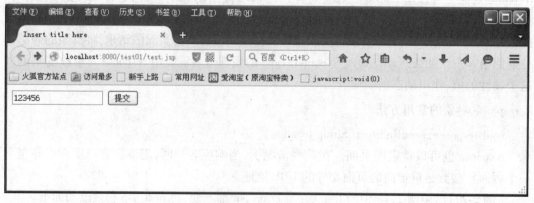

图 2.24　response 重定向—1

图 2.25　response 重定向—2

图 2.26　response 重定向—3

①request.getRequestDispatcher( ).forward( )是请求转发,前后页面共享一个 request,而 response.sendRedirect( )是重新定向,前后页面不是一个 request。

response.sendRedirect(url)跳转到指定的 URL 地址,产生一个新的 request,所以要传递参数只有在 URL 后加参数,如 url？id＝1。

request.getRequestDispatcher(url).forward(request,response)是直接将请求转发到指定 URL,所以该请求能够直接获得上一个请求的数据,也就是说采用请求转发,request 对象始终存在,不会重新创建。而 sendRedirect( )会新建 request 对象,所以上一个 request 中的数据会丢失。

②request.getRequestDispatcher( ).forward( )是在服务器端运行,而 response.sendRedirect( )是通过向客户浏览器发送命令来完成,所以 RequestDispatcher.forward( )对于浏览器来说是"透明的";而 HttpServletResponse.sendRedirect( )则不是。

使用 response.sendRedirect( )地址栏将改变,使用 request.getRequestDispatcher( ).forward (request,response)地址栏中的信息保持不变。

更具体来说：redirect 会首先发一个 response 给浏览器,然后浏览器收到这个 response 后再发一个 request 给服务器,最后,服务器再发新的 response 给浏览器。这时页面收到的是一个新从浏览器发来的 request。forward 发生在服务器内部,在浏览器完全不知情的情况下发给了浏览器另外一个页面的 response,这时页面收到的 request 不是从浏览器直接发来的了,可能已经用 request.setAttribute 在 request 里放了数据,再转到的页面可直接用 request.getAttribute 获得数据。

2.3.3 session 对象

1. session 对象简介

要明白 session 对象有什么用,就要先了解 session 是什么,然后再了解 JSP 内置对象——session 对象,因为,session 和 session 对象是两个差别很大的概念。

(1)了解 session

session 的中文译名称为"会话",其本来的含义是指有始有终的一系列动作/消息。例如,打电话时从拿起电话拨号到挂断电话这中间的一系列过程可以称为一个 session。目前,社会上对 session 的理解非常混乱:有时候可以看到这样的话"在一个浏览器会话期间,……",这里的会话是指从一个浏览器窗口打开到关闭此期间;也可以看到"用户(客户端)在一次会话期间"这样一句话,它可能指用户的一系列动作(一般情况下是同某个具体目的相关的一系列动作,如从登录到选购商品到结账退出登录这样一个网上购物的过程);然而有时候也可能仅仅是指一次连接;其中的差别只能靠上下文来推断了。

当 session 一词与网络协议相关联时,它又往往隐含了"面向连接"和"保持状态"这两个含义。"面向连接"指的是在通信双方在通信之前要先建立一个通信的渠道,如打电话,直到对方接了电话通信才能开始。"保持状态"则是指通信的一方能够把一系列的消息关联起来,使得消息之间可以互相依赖,如一个服务员能够认出再次光临的老顾客并且记得上次这个顾客还欠店里一元钱。这一类的例子有"一个 TCP session"或者"一个 POP3 session"等。

鉴于这种混乱已不可改变,要为 session 下个定义就很难有统一的标准。不过可以这样理解:例如打电话时,从拨通的那一刻起到挂断电话期间,因为电话一直保持着接通的状态,所以把这种接通的状态叫作 session。session 是访客与整个网站交互过程中一直存在的公有变量,在客户端不支持 cookie 的时候,为了保证数据正确、安全,就采用 session 变量。访问网站的来客会被分配一个唯一的标识符,即所谓的会话 ID。它要么存放在客户端的 cookie,要么经由 URL 传递。

session 的发明填补了 HTTP 协议的局限:HTTP 协议被认为是无状态协议,无法得知用户的浏览状态,当它在服务端完成响应之后,服务器就失去了与该浏览器的联系。这与 HTTP 协议本来的目的是相符的,客户端只需要简单地向服务器请求下载某些文件,无论是客户端还是服务器都没有必要记录彼此过去的行为,每一次请求之间都是独立的,好比一个顾客和一个自动售货机或者一个普通的(非会员制)大卖场之间的关系一样。

因此,通过 session(cookie 是另外一种解决办法)记录用户的有关信息,以供用户再次以此身份对 Web 服务器提起请求时作确认。session 的发明使得一个用户在多个页面间切换时能够保存他的信息。网站编程人员都有这样的体会,每一页中的变量是不能在下一页中使用的(虽然 Form,URL 也可以实现,但这都是非常不理想的办法),而 session 中注册的变量就可以作为全局变量使用了。

那么 session 到底有什么用处呢?网上购物时大家都用过购物车,你可以随时把你选购的商品加入到购物车中,最后再去收银台结账。在整个过程中购物车一直扮演着临时存贮被选商品的角色,用它追踪用户在网站上的活动情况,这就是 session 的作用。session 可以用于用户身份认证,程序状态记录,页面之间参数传递等。

session 的实现中采用 cookie 技术,session 会在客户端保存一个包含 session_id(session 编号)的 cookie;在服务器端保存其他 session 变量,比如 session_name 等。当用户请求服务器时也把 session_id 一起发送到服务器,通过 session_id 提取所保存在服务器端的变量,就能识别用户是谁了。同时也不难理解为什么 session 有时会失效了。

当客户端禁用 cookie 时(单击 IE 中的"工具"→"Internet 选项",在弹出的对话框里选择"安全"→"自定义级别"项,将"允许每个对话 cookie"设为禁用),session_id 将无法传递,此时 session 失效。不过 php5 在 Linux/Unix 平台可以自动检查 cookie 状态,如果客户端设置了禁用,则系统自动把 session_id 附加到 URL 上传递。而 Windows 主机则无此功能。

简言之,session 就是客户端与服务端的一次会话,会话时间从客户连接到服务器开始到与服务器断开连接为止。

(2)了解 session 对象

session 是 JSP 内置对象之一,它是用来保存每个连接上服务器用户的会话信息,以便跟踪每个用户的操作状态。对该对象的理解有以下 3 点:

- session 对象存储有关用户会话的所有信息。
- session 对象的生命周期是用户的一次会话,当会话结束,session 对象消亡。
- session 对象的类型是 javax.servlet.http.HttpSession。

2. session 对象的常用方法

(1) void setAttribute(String name, Object value)

以键/值的方式,将一个对象的值存放到 session 中,参数 name 是键,表示一个对象的值保存在 session 中的时候给该值取的名字;参数 value 是对象名。

(2) Object getAttribute(String name)

根据键去获取 session 中存放对象的值。参数 name 就是键,它来源于 setAttribute 方法中的参数 name。

[例 2-21] session 对象的使用,采用不同顺序运行 session1.jsp、session2.jsp 两个页面。第一次,先运行 session2.jsp 再运行 session1.jsp;第二次,先关闭第一次运行打开的所有浏览器,然后运行 session1.jsp,再运行 session2.jsp。比较两次结果有什么不同?请大家自己验证。

session1.jsp 源码:

```
<%
session.setAttribute("name","admin");
%>
```

session2.jsp 源码:

```
<%
if(session.getAttribute("name")! =null){
    String name = (String) session.getAttribute("name");
    out.println(name);
}
%>
```

2.3.4 application 对象

1. application 对象简介

当一个客户第一次访问服务器上的一个 JSP 页面时,JSP 引擎创建一个和该客户相对应的 session 对象,当客户在所访问网站的各个页面之间浏览时,这个 session 对象都是同一个,直到客户关闭浏览器,这个 session 对象才被取消;而且不同客户的 session 对象是互不相同的。与 session 对象不同的是 application 对象。服务器启动后,就产生了这个 application 对象。当一个客户访问服务器上的一个 JSP 页面时,JSP 引擎为该客户分配这个 application 对象,当客户在所访问网站的各个页面之间浏览时,这个 application 对象都是同一个,直到服务器关闭,这个 application 对象才被取消。与 session 对象不同的是,所有客户的 application 对象是相同的,即所有的客户共享这个内置的 application 对象。JSP 引擎为每个客户启动一个线程,也就是说,这些线程共享这个 application 对象。

2. application 对象的常用方法

（1）public void setAttribute(String name, Object obj)

以键/值的方式,将一个对象的值存放到 application 中,参数 name 是键,表示一个对象的值保存在 application 中的时候给该值取的名字;参数 obj 是对象名。如果添加的两个对象的关键字相同,则先前添加对象被清除。

（2）public Object getAttibue(String name)

根据键去获取 session 中存放对象的值。参数 name 就是键,它来源于 setAttribute 方法中的参数 name。由于任何对象都可以添加到 application 对象中,因此,用该方法取回对象时,应强制转化为原来的类型。

2.3.5 out 对象

1. out 对象简介

out 对象是一个输出流,用来向客户端输出数据。

2. out 对象的常用方法

①out.print(Boolean),out.println(boolean):用于输出一个布尔值。
②out.print(char),out.println(char):输出一个字符。
③out.print(double),out.println(double):输出一个双精度的浮点数。
④out.print(fload),out.println(float):用于输出一个单精度的浮点数。
⑤out.print(long),out.println(long):输出一个长整型数据。
⑥out.print(String),out.println(String):输出一个字符串对象的内容。

2.4 EL 表达式

在本节将学习:
- EL 表达式的概念;

- EL 表达式的使用。

EL(Expression Language)是为了使 JSP 写起来更加简单的一种表达式语言。表达式语言的灵感来自 ECMAScript 和 XPath 表达式语言,它提供了在 JSP 中简化表达式的方法。它是在 JSP2.0 推出的时候,引入的一项新技术。JSP EL 主要使用"＄｛"和"｝"来包括所要操作的变量或者表达式,在 JSP EL 中也定义了它自己的运算符号,它的运算符号和 Java 语言一样,提供了逻辑运算、算术运算和关系运算等功能,而且提供了更加方便的读取 JSP 内置对象和 Javabean 对象属性值的方式。

2.4.1 EL 表达式的运算符

EL 表达式支持进行四则运算、逻辑运算和关系运算,见表 2.2。

表 2.2　EL 运算符

类　型	定　义
算术型	+,-,*,/,div,%,mod
逻辑型	and,&&,or,||,!,not
关系型	==,eq,!=,ne,>,gt,<=,le,>=,ge,<,lt
条件型	a? b:c
空	Empty

下面通过具体的示例来看一下 EL 中运算符的使用。

[例 2-22]

```
<body>
    <% request.setAttribute("username","张三");%>
    <table border="1">
     <tr>
      <td><b>EL 表达式</b></td>
      <td><b>运算结果</b></td>
     </tr>
     <tr>
      <td><b>\${2.2+8.3}</b></td>
      <td><b>${2.2+8.3}</b></td>
     </tr>
     <tr>
      <td><b>\${10/3}</b></td>
      <td><b>${10/3}</b></td>
     </tr>
     <tr>
      <td><b>\${10 mod 3}</b></td>
      <td><b>${10 mod 3}</b></td>
     </tr>
```

```
            <tr>
             <td><b>\${10 >= 3}</b></td>
             <td><b>${10 >= 3}</b></td>
            </tr>
            <tr>
             <td><b>\${e lt h}</b></td>
             <td><b>${e lt h}</b></td>
            </tr>
            <tr>
             <td><b>\${100 ne 100}</b></td>
             <td><b>${100 ne 100}</b></td>
            </tr>
            <% pageContext.setAttribute("username","zhangsan"); %>
            <tr>
             <td><b>\${(empty username)?"空":"非空"}</b></td>
             <td><b>${(empty username)?"空":"非空"}</b></td>
            </tr>
          </table>
    </body>
```

整段代码输出结果如图 2.27 所示。

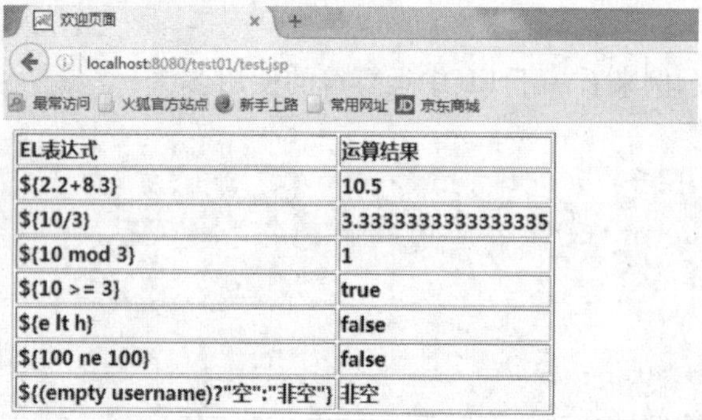

EL表达式	运算结果
${2.2+8.3}	10.5
${10/3}	3.3333333333333335
${10 mod 3}	1
${10 >= 3}	true
${e lt h}	false
${100 ne 100}	false
${(empty username)?"空":"非空"}	非空

图 2.27　EL 运算符效果

从这个例子可以看出 EL 表达式的运算符提供了两种形式,一种是标准的符号形式,一种是英文的形式,具体使用哪种形式可以根据实际需要来选用。

2.4.2　EL 表达式的隐式对象

隐式对象就是用来为 JSP 编程提供方便的,用 EL 编写的代码可以直接在 JSP 中使用而无须其他显式编码或声明。在 EL 中一共提供了 11 个隐式对象供开发人员使用。

1. 与作用范围相关的对象

与作用范围相关的 EL 隐式对象有 pageScope,requestScope,sessionScope 与 applicationScope。它们分别可以读取使用 JSP 内置对象 pageContext,request,session 与 application 的 setAttribute()方法所设定的对象数值,如果没有设定使用 EL 隐式对象的作用范围,则按照

pageScope,requestScope,sessionScope,applicationScope 的先后顺序读取属性值。

下面通过具体的示例来看一下 EL 中运算符的使用。

[例 2-23]

```jsp
<%
  pageContext.setAttribute("username","刘备");
  request.setAttribute("username","关羽");
  session.setAttribute("username","张飞");
  application.setAttribute("username","赵云");
%>
<body>
  <table border="1">
    <tr>
      <td>\${pageScope.username}</td>
      <td>${pageScope.username}</td>
    </tr>
    <tr>
      <td>\${requestScope.username}</td>
      <td>${requestScope.username}</td>
    </tr>
    <tr>
      <td>\${sessionScope.username}</td>
      <td>${sessionScope.username}</td>
    </tr>
    <tr>
      <td>\${applicationScope.username}</td>
      <td>${applicationScope.username}</td>
    </tr>
    <tr>
      <td>\${username}</td>
      <td>${username}</td>
    </tr>
  </table>
</body>
```

整个代码的显示效果如图 2.28 所示。

图 2.28　EL 隐式对象

通过该示例,我们可以看到放到不同 JSP 作用域中的变量可以通过 EL 表达式的隐式对象根据名称取出;同时如果不指名具体的作用域范围,那么该变量会从 pageScope、requestScope、sessionScope 中依次查找该变量的值。

2.param 或 paramValues 对象

隐式对象 param 和 paramValues 用于获取客户端访问 JSP 页面时传递的请求参数的值。例如,${param.username} 等价于<%=request.getParameter("username")%>;paramValues 等价于 request.getParameterValues(),可以获取传递的所有参数名称和对应的参数值。

下面通过具体的示例来看一下该对象的使用。

[例 2-24]

```
<body>
    <form action="test.jsp" method="get">
     <table>
     <tr>
      <td>你的性别</td>
      <td>
       <select name="gender">
        <option>男</option>
        <option>女</option>
       </select>
      </td>
     </tr>
     <tr>
      <td>你的爱好:</td>
      <td>足球<input type="checkbox" name="love" value="足球"></td>
      <td>排球<input type="checkbox" name="love" value="排球"></td>
      <td>台球<input type="checkbox" name="love" value="台球"></td>
     </tr>
     </table>
     <input type="submit" value="提交">
    </form>
    <table>
     <tr><td>${param.gender}</td></tr>
     <tr><td>${paramValues.love[0]}</td></tr>
    </table>
</body>
```

整个代码的显示效果如图 2.29 所示。

3.header 或 headerValues 对象

隐式对象 header 和 headerValues 用于获取客户端访问 JSP 页面时传递的请求头字段的值。header 隐含对象返回一个请求头字段的单个值,如果同一个请求头字段有多个值,则返回第一个值。haderValues 隐式对象用于返回一个请求头字段的所有值,返回结果为该请求头字段的所有值组成的字符串数值。

图 2.29　EL 隐式对象 2

[**例** 2-25]

```
<body>
 <table border="1">
  <tr>
   <td><b>EL 表达式</b></td>
   <td><b>输出结果</b></td>
  </tr>
  <tr>
   <td>\${header["host"]}</td>
   <td>${header["host"]}</td>
  </tr>
  <tr>
   <td>\${header["user-agent"]}</td>
   <td>${header["user-agent"]}</td>
  </tr>
 </table>
</body>
```

整个代码的显示效果如图 2.30 所示。

图 2.30　EL 隐式对象 3

4.cookie 隐式对象

　　cookie 隐式对象是一个代表所有 cookie 信息的 Map 对象，其中 Map 对象中的各个元素的关键字分别为各个 cookie 的名称，值则分别为 cookie 名称对应的 cookie 对象，使用 cookie 隐式对象可以访问某个 cookie 名称对应的 cookie 对象，例如在 cookie 中设定了 username 属性值，可以使用 ${cookie.username.value} 来取得属性值。

[例2-26]

```
<body>
 <% response.addCookie(new Cookie("username","liubei")); %>
 <table border="1">
  <tr>
   <td><b>EL 表达式</b></td>
   <td><b>输出结果</b></td>
  </tr>
  <tr>
   <td>\${cookie["username"].value}</td>
   <td>${cookie["username"].value}</td>
  </tr>
 </table>
</body>
```

整个代码的显示效果如图 2.31 所示：

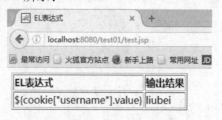

图 2.31　EL 隐式对象 4

5. initParam 对象

隐式对象 initParam 是一个代表 Web 应用程序中的所有初始化参数的 Map 对象，每个初始化参数的值是 ServletContext.getInitParameter( ) 方法返回的字符串。Web 应用程序的初始化参数可以在 server.xml 或 web.xml 文件中指定，例如 "${initParam.repeat}" 等价于 servletContext.getInitParameter("repeat")。

[例2-27]

```
<body>
 <table border="1">
  <tr>
   <td><b>EL 表达式</b></td>
   <td><b>输出结果</b></td>
  </tr>
  <tr>
   <td>\${initParam.repeat}</td>
   <td>${initParam.repeat}</td>
  </tr>
 </table>
</body>
```

注意，这里需要配置 web.xml 文件中的相应属性，才可以通过 initParam 取得值。

```
<context-param>
  <param-name>repeat</param-name>
  <param-value>10</param-value>
</context-param>
```

整个代码的显示效果如图 2.32 所示。

图 2.32　EL 隐式对象 5

2.5　JSTL 标签库

在本节将学习：
- JSTL 标签库的概念；
- JSTL 核心库的使用；
- JSTL 国际化库的使用。

2.5.1　JSTL 标签库

JSTL 标签库是 Sun 公司制定的一套标签库的规范，由 Apache 的 Jakarta 小组负责实现，可以从官方 JSTL 网页下载。JSTL 虽然称为标准标签库，但实际上有 5 个不同功能的标签库组成。在 JSTL 1.1 规范中，为这 5 个标签库分别指定了不同的 URL，并对标签库的前缀做出了约定。表 2.3 列出了这 5 个标签库的作用、URL 及前缀。

表 2.3　JSTL 标签库

功能范围	作　用	URL	前　缀
核心(core)	一般用途处理的标签	http://java.suncom/jsp/jstl/core	c
xml	解析、选择、转换 XML 数据的标签	http://java.suncom/jsp/jstl/xml	……x
数据库(sql)	访问关系型数据库的标签	http://java.suncom/jsp/jstl/sql	……sql
国际化(I18N)	为国际化应用格式化数据的标签	http://java.suncom/jsp/jstl/fmt	……fmt
函数(Function)	处理字符串和集合的标签	http://java.suncom/jsp/jstl/functions	……fn

注意：上面所有的标签库都是很有用的，但是我们最常使用的是核心标签库。

2.5.2　JSTL 核心标签库

JSTL 核心标签库包含了一组用于实现 Web 应用中的通用操作的标签，JSP 规范为核心标签库建议的前缀名为 c。

1. 通用标签

核心标签<c:out>,让不使用 JSP 脚本执行 Java 程序成为可能。标签<c:out>与 JSP 脚本表达式类似,用于显示内容。

<c:out>标签

<c:out>标签使用方法很简单,其功能类似于 JSP 脚本表达式<%= %>。它有一个必需的属性 value,标签的功能就是显示 value 的值。

2. 变量支持标签

虽然 EL 可以用很多方式操作变量,但是它不能设置变量的值,也不能在作用域范围内删除变量。使用 JSTL 核心标签库的<c:set>和<c:remove>标签,可以在不使用 JSP 脚本的情况下完成这些操作。

<c:set>标签

为使用<c:set>设置变量,我们需要用该标签的 var 属性指定变量的名称。然后,用标签的 value 属性或标签体的内容来设置变量的值。除了设置变量的值外,<c:set>标签还可以操作 JavaBean 和 Java.util.Map 对象。在设置 JavaBean 和 Map 时,我们可以使用标签的 target 属性指定要设置属性的对象,使用 property 属性指定对象的属性,即 JavaBean 的成员变量以及 Map 的键。为设置对象的属性值,可以与设置变量的值一样,使用标签的 value 属性和内容体。

[例 2-28]

```
<%@ page language="java" contentType="text/html;charset=utf-8"
    pageEncoding="utf-8"%>
<%@ page import="java.util.*,domain.User" %>
<%@ taglib prefix="c" uri="http://java.sun.com/jsp/jstl/core"%>
<%
HashMap preferences = new HashMap();
session.setAttribute("preferences",preferences);
User user = new User();
session.setAttribute("user",user);
%>
设置和输出 UserBean 对象的 username 属性值:<br>
<c:set value="zhangshan" target="${user}" property="username"/>
<c:out value="${user.username}"/><hr><br>
设置和输出 Map 对象的 color 关键字的值:<br>
<c:set target="${preferences}" property="color" value="red"/>
<c:out value="${preferences.color}"/>
```

整个代码的显示效果如图 2.33 所示。

<c:remove>标签

标签<c:remove>用于将一个变量从其作用域中删除,可以在标签中用 var 属性指定变量的名称,用 scope 属性指定其作用域。如果不指定作用域,那么容器首先会查找 page 作用域,然后是 request,接着是 Session,最后是 application 作用域。

图 2.33　JSTL 核心库 1

3.流程控制

在 Java 代码中,很多情况下需要变量的值来改变控制流程。使用 for 或 while 语句,可以控制一个任务可以执行的次数。使用 if 和 switch-catch 语句,可以控制执行到底哪个任务。在 JSP 2.0 之前,控制页面处理的唯一方法是通过 scriptlet。在 JSTL 中提供了 4 种标签 <c:if>、<c:choose>、<c:forEach>和<c:forTokens>,让我们在不需要 JSP 脚本的情况下控制页面流程。

- JSTL 条件处理

标签<c:if>和<c:choose>的功能,与普通 Java 代码中的 if 和 switch-case 语句基本相同。不同之处在于在核心标签库中没有 else 标签。同时,这两个标签都需要一个用于设置布尔表达式的 test 属性。

[例 2-29]

```
<c:if test="${x=='9'}">
${x}
</c:if>
```

标签<c:choose>本身并不包含任何属性,但是它可以包含多个<c:when>标签,在<c:when>标签中实现比较与测试属性的分离。

[例 2-30]

```
<c:choose>
<c:when test="${color=='white'}">
Light!
</c:when>
<c:when test="${color=='black'}">
Dark!
</c:when>
<c:otherwise>
Colors!
</c:otherwise>
</c:choose>
```

- JSTL 循环处理

JSTL 核心标签库的<c:forEach>标签使我们可以循环处理标签体的内容。首先,它创建一个由其 var 属性指定的变量,并将变量初始化为 begin 属性的值,然后开始处理循环体内的内容，直到变量等于 end 属性的值。

[例 2-31]

```jsp
<%@ page language="java" contentType="text/html; charset=UTF-8"
    pageEncoding="UTF-8"%>
<%@ page import="java.util.*,domain.User" %>
<%@ taglib prefix="c" uri="http://java.sun.com/jstl/core_rt" %>
<%
Collection users = new ArrayList();
for(int i=0;i<5;i++){
  User user = new User();
  user.setUsername("user" + i);
  user.setPassword("guess" + i);
  users.add(user);
}
session.setAttribute("users",users);
%>
<table border="1">
<tr><td>用户名</td><td>密码</td></tr>
<c:forEach var="u" items="${users}">
<tr>
  <td>${u.username}</td>
  <td>${u.password}</td>
</tr>
</c:forEach>
</table>
```

整个代码的显示效果如图 2.34 所示。

图 2.34　JSTL 核心库 2

4. 异常处理

通常，在 JSP 中抛出的异常将被送到错误页面。但是，我们可能会为页面内的不同行为执行不同的错误处理例程。<c:catch>标签不会自己执行这些例程，但是会将抛出的异常保存到<c:catch>标签的 var 属性中。

[例 2-32]
```
<%@ page language="java" contentType="text/html; charset=gb2312"
    pageEncoding="gb2312"%>
<%@ taglib prefix="c" uri="http://java.sun.com/jsp/jstl/core"%>
<c:catch var="myexp">
<%
int i=0;
int j=10;
out.println(j+"/"+i+"="+j/i);
%>
</c:catch>
异常:<c:out value="${myexp}"/>
```
整个代码的显示效果如图 2.35 所示。

图 2.35　JSTL 核心库 3

5.访问 URL 信息

核心标签库汇总最后一类是处理 URL 访问。

<c:url>重写 URL 并对其参数编码

<c:url>标签用于在 JSP 页面中构造一个 URL 地址,其主要目的是实现 URL 重写。URL 重写就是将会话标识号以参数形式附加在 URL 后面。

[例 2-33]
```
<%@ page language="java" contentType="text/html; charset=UTF-8"
pageEncoding="UTF-8"%>
<%@ taglib prefix="c" uri="http://java.sun.com/jstl/core_rt" %>
<c:url value="http://localhost:8080/jstl/register.jsp" var="myUrl1">
 <c:param name="name" value="张三"/>
 <c:param name="country" value="${param.country}"/>
</c:url>
<a href="${myUrl1}">Register</a>
```

<c:import>　访问 Web 应用程序之外的内容

可以通过 JSP 的 include 指令访问 URL,但是如果想访问 Servlet 容器外的内容,就必须使用<c:import>标签。这个标签通过 url 属性将 URL 的内容添加到 JSP 中引用。同时,还可以使用 scope 属性设置变量的作用域,或使用 charEncoding 属性控制其编码格式。最后,与<c:url>标签一样,我们可以在<c:import>标签的内容体中使用<c:param>标签,将参数添加到 URL 中。

[例 2-34]

```
<%@ page language="java" contentType="text/html; charset=utf-8"%>
<%@ taglib prefix="c" uri="http://java.sun.com/jstl/core_rt" %>
<c:import url="/register.jsp" charEncoding="utf-8">
 <c:param name="name" value="张三"/>
 <c:param name="country" value="中国"/>
</c:import>
```

<c:redirect> 重定向到不同的 URL

<c:redirect>标签的功能与 HttpServletResponse 的 sendRedirect( )方法相同,它发送一个重定向响应到客户端,并且告诉客户端去访问由其 url 属性指定的 URL。与前面两个 URL 标签一样,我们可以在<c:redirect>标签中使用 context 属性指定 URL 的上下文,使用<c:param>标签添加参数。

[例 2-35]

```
<%@ page language="java" contentType="text/html; charset=utf-8"%>
<%@ taglib prefix="c" uri="http://java.sun.com/jstl/core_rt" %>
<c:url value="http://localhost:8080/struts_jstl/register.jsp"
 var="myUrl">
 <c:param name="name" value="张三"/>
 <c:param name="country" value="中国"/>
</c:url>
<c:redirect url="${myUrl}"/>
```

2.5.3 JSTL 国际化标签库

为了简化 Web 应用的国际化开发,JSTL 中提供了一个用于实现国际化和格式化功能的标签库,我们将其简称为国际化标签库,JSP 规范为国际化标签库建议的前缀名为 fmt。国际化标签库中包括了一组用于实现 Web 国际化功能的标签,这组标签封装了 Java 语言中 java.util 和 java.text 这两个包中与国际化相关的 API 类的功能。国际化标签库中提供了绑定资源包和从资源包中的本地资源文件内读取文本内容的标签,也提供了对数值和日期等本地敏感的数据按本地化信息进行显示和解析的标签,还提供了按本地特定的时区来调整时间的标签。

1. 国际化标签

国际化标签主要包括<fmt:setLocale>标签、<fmt:setBundle>标签、<fmt:bundle>标签、<fmt:message>标签和<fmt:param>标签。

<fmt:setLocale>标签

<fmt:setLocale>标签用于在 JSP 页面中显示设置用户的本地化信息,并将设置的本地化信息以 Locale 对象的形式保存在某个 Web 域中。使用该标签后,国际化标签库中的其他标签将使用该本地化信息。

<fmt:setBundle>标签

<fmt:setBundle>标签用于根据<fmt:setLocale>标签设置的本地化信息创建一个资源包

实例对象,并将其绑定到一个 Web 域的属性上。

<fmt:bundle>标签

<fmt:bundle>标签与<fmt:setBundle>标签的功能类似,但它创建的实例对象只在其标签体内有效。

<fmt:message>标签

<fmt:message>标签用于从一个资源包中读取信息并进行格式化输出。

<fmt:param>标签

<fmt:param>标签用于为格式化文本串中的占位符设置参数值,它只能嵌套在<fmt:message>标签内使用。

首先我们提供一个国际化资源文件,文件名为 globalMessages_en_US.properties。

代码内容如下:

gongcheng.heading = the first web file

gongcheng.money = you have the salary of {0,number,currency} dollars

gongcheng.welcome = welcome to cqgongcheng

展示国际化用 jsp 页面代码如下:

```
<%@ page language="java" contentType="text/html; charset=utf-8"%>
<%@ taglib prefix="fmt" uri="http://java.sun.com/jstl/fmt_rt" %>
<fmt:setLocale value="${param.locale}"/>
<fmt:setBundle basename="globalMessages" var="globalMessages"/>
<head>
<title>
<fmt:message bundle="${globalMessages}" key="gongcheng.heading"/>
</title>
</head>
<%
session.setAttribute("number",new Integer(88888));
%>
<fmt:message bundle="${globalMessages}" key="gongcheng.welcome"/><br>
<fmt:message bundle="${globalMessages}" key="gongcheng.money">
<fmt:param value="${number}"/>
</fmt:message>
```

2.格式化标签

格式化标签主要包括<fmt:formatDate>标签、<fmt:parseDate>标签、<fmt:formatNumber>标签和<fmt:parseNumber>标签。

<fmt:formatDate>标签

<fmt:formatDate>标签用于对日期和时间按本地化信息进行格式化,或对日期和时间按 JSP 页面作者自定义的格式进行格式化。

<fmt:parseDate>标签

<fmt:parseDate>标签与<fmt:formatDate>标签的作用正好相反,它用于将一个表示日期和时间的字符串解析成 java.util.Date 实例对象。

日期格式化案例代码如下：

```
<%@ page language="java" contentType="text/html; charset=utf-8"
    pageEncoding="utf-8"%>
<%@ taglib prefix="fmt" uri="http://java.sun.com/jstl/fmt_rt"%>
<%@ page import="java.util.*"%>
<jsp:useBean id="now" class="java.util.Date"/>
格式化当前日期,时间<br>
type 属性表示对日期和时间都格式化,timeStyle 表示时间的格式化格式,dateStyle 表示日期
的格式化格式<br>
<fmt:formatDate value="${now}" type="both" timeStyle="medium"
dateStyle="long"/>
<hr>
指定自定义的格式,月.日.年,pattern 属性表示转换的格式<br>
<fmt:formatDate value="${now}" pattern="MM.dd.yyyy"/><br><hr>
格式化用字符串表示的日期,pattern 属性表示解析的格式,var 表示保存解析后的结果的变量
<br>
<fmt:parseDate value="7/31/08" pattern="MM/dd/yy" var="parsed"/>
<fmt:formatDate value="${parsed}"/>
```

整个代码的显示效果如图 2.36 所示。

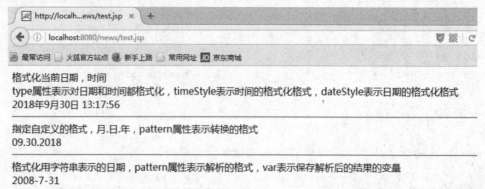

图 2.36　JSTL 格式化库 1

<fmt:formatNumber>标签

<fmt:formatNumber>标签用于将数值、货币或百分数按本地化信息进行格式化,或者按 JSP 页面作者自定义的格式进行格式化。

<fmt:parseNumber>标签

<fmt:parseNumber>标签与<fmt:formatNumber>标签的作用正好相反,它用于将一个按本地化方式被格式化后的数值,货币或百分数解析为数值。

数字格式化案例代码如下：

```
<%@ page language="java" contentType="text/html; charset=utf-8"
    pageEncoding="utf-8"%>
<%@ taglib prefix="fmt" uri="http://java.sun.com/jstl/fmt_rt"%>
```

```
将数值格式化为货币格式:<br>
<fmt:formatNumber value="9876543.21" type="currency"/><hr>
将数值格式化为百分数格式:<br>
<fmt:formatNumber value="12.3" type="percent"/><hr>
将数值格式化为自定义的格式:<br>
<fmt:formatNumber value="12.3" pattern=".000"/><hr>
解析整个数值字符串"123,456,789%":<br>
<fmt:parseNumber type="percent" value="123,456,789%"/><hr>
解析字符串"$123,456,789.00"<br>
<fmt:parseNumber type="currency" parseLocale="en_US"
value="$123,456,789.00"/>
```

整个代码的显示效果如图 2.37 所示。

图 2.37　JSTL 格式化库 2

2.6　巩固与提高

1.选择题

（1）JSP 页面是在传统的 HTML 页面文件中加入 Java 程序段和 JSP 标签构成的，Java 程序段写在（　　）标记符号之间。

　　A.<%　%>　　　　B.<!　!>　　　　C.<@　@>　　　　D.<&　&>

（2）JSP 指令标签包括 include 指令，taglib 指令和（　　）。

　　A.forward 指令　　B.useBean 指令　　C.page 指令　　D.param 指令

（3）以下 JSP 指令标签的书写中，正确的是（　　）。

　　A.<%! page　属性="值" %>　　　　B.<%@ page　属性="值" %>

　　C.<%#page　属性="值" %>　　　　D.<%&page　属性="值" %>

（4）page 指令标签的属性中可以指定多个值的是（　　）。

A.contentType 属性　　B.language 属性　　　C.import 属性　　　D.session 属性

(5)下面不是 useBean 动作可能的属性值的是(　　)。

A.contentType　　　　B.id　　　　　　　C.scope　　　　　　D.class

(6)给定 test1.jsp 代码片段,如下:

```
<html>
    <jsp:include page="test2.jsp" flush="false">
      <jsp:param name="color" value="red"/>
    </jsp:include>
</html>
```

要在 test2.jsp 中输出参数 color 中的值,以下选项正确的是(　　)。

A.<%-request.getParameter("color")%>

B.<%=request.getAttribute("color")%>

C.<jsp:getParam name="color"/ >

D.<jsp:include param="color"/ >

(7)在 JavaEE 中,以下有关 jsp:setProperty 和 jsp:getProperty 标记的描述,正确的是(　　)。

A.<jsp:setProperty>和<jsp:getProperty>标记都必须在<jsp:useBean>的开始标记和结束标记之间

B.这两个标记的 name 属性的值必须和<jsp:usebean>标记的 id 属性的值相对应

C.<jsp:setProperty>和<jsp:getProperty> 标记可以用于对 bean 中定义的所有属性进行选择和设置

D.这两个标记的 name 属性的值可以和<jsp:userbean>标记的 id 属性的值不同

(8)在 JavaEE 的 a.jsp 中有代码片段如下:在 b.jsp 中加入下列(　　)代码,可以输出在 a.jsp 页面上输入的 loginName 的值。

```
<form action ="b.jsp" method ="POST" name ="form1">
    loginName:<input type="text" name="loginName"/>
    <input type="submit" name="submit"/>
</form>
```

A.<%=(String)request.getParameter("loginName")%>

B.<%=(String)request.gerAttribute("loginName")%>

C.
```
<%Stirng name=request.getParameter("loginname");
    out.println(name);
%>
```

D.
```
<%String name-request.getAttribute("loginname");
    out.println(name);
%>
```

(9)在 JSP 中如果要导入 java.io.* 包,应该使用(　　)指令。

A.page　　　　　　B.taglib　　　　　　C.include　　　　　　D.forward

（10）page 指令用于定义 JSP 文件中的全局属性,下列关于该指令用法的描述错误的是（　　）。

　　A.<%@ page %>作用于整个 JSP 页面

　　B.可以在一个页面中使用多个<%@ page %>指令

　　C.为增强程序的可读性,建议将<%@ page %>指令放在 JSP 文件的开头,但不是必需的

　　D.<%@ page %>指令中的属性只能出现一次

（11）以下（　　）注释可以被发送到客户端的浏览器。

　　A.<%--第一种 --%>　　　　　　B.<% //第二种 %>

　　C.<% / ＊第三种 ＊/ %>　　　　　D.<! --第四种 -->

（12）Page 指令的(　　)属性可以设置 JSP 页面是否可多线程访问。

　　A.session　　　B.buffer　　　C.isThreadSafe　　　D.info

（13）可在 JSP 页面出现该指令的位置处,静态插入一个文件（　　）。

　　A.page 指令标签　　　　　　B.page 指令的 import 属性

　　C.include 指令标签　　　　　D.include 动作标签

（14）Page 指令的作用是(　　)。

　　A.用来定义整个 JSP 页面的一些属性和这些属性的值

　　B.用来在 JSP 页面内某处嵌入一个文件

　　C.使该 JSP 页面动态包含一个文件

　　D.指示 JSP 页面加载 Java plugin

（15）在 JSP 中调用 JavaBean 时不会用到的标记是(　　)。

　　A.<javabean>　　　　　　　B.<jsp:useBean>

　　C.<jsp:setProperty>　　　　D.<jsp:getProperty>

（16）在 JSP 中如果要导入 java.io.＊包,应该使用(　　)指令。

　　A.page　　　　　B.taglib　　　　　C.include　　　　　D.forward

（17）如果当前 JSP 页面出现异常时需要转到一个异常页,需要设置 page 指令的(　　)属性。

　　A.Exception　　　B.isErrorPage　　　C.error　　　D.errorPage

（18）在 JSP 中的 Java 脚本中输出数据时可以使用(　　)对象的 print()方法。

　　A.page　　　　　B.session　　　　　C.out　　　　　D.application

（19）下列关于 JSTL 中条件标签说法错误的是(　　)。

　　A.<c:if>可以实现如 if else 的条件语句

　　B.<c:choose>标签用于条件选择

　　C.<c:when>标签代表一个条件分支

　　D.<c:otherwise>标签代表<c:choose>的最后选择

2.填空题

（1）在一个应用程序中不同的页面共享数据时,最好的 JSP 内置对象为_____。

（2）在传统的网页 HTML 文件(＊.htm,＊.html)中加入_____和_____,就构成了

JSP 网页。

3.操作题

创建 mymsg.jsp,result.jsp,mymsg.jsp 效果如图 2.38 所示,result.jsp 效果如图 2.39 所示,当单击页面中提交按钮后在 result.jsp 页面中显示页面中用户输入的信息。

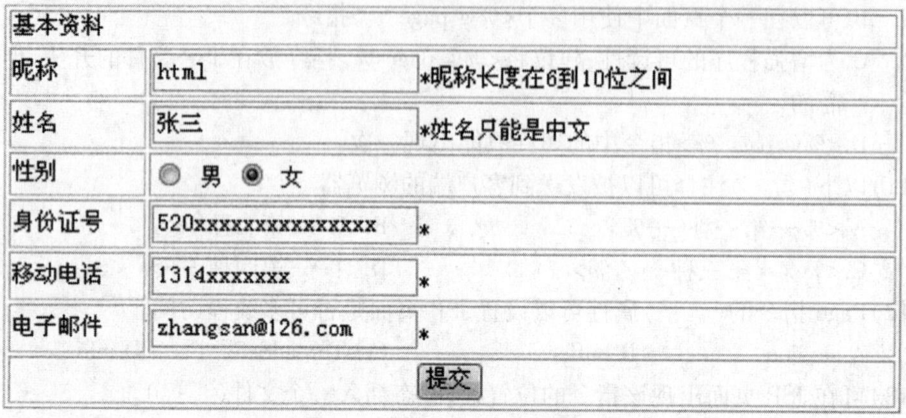

图 2.38　基本资料输入页面 mymsg.jsp

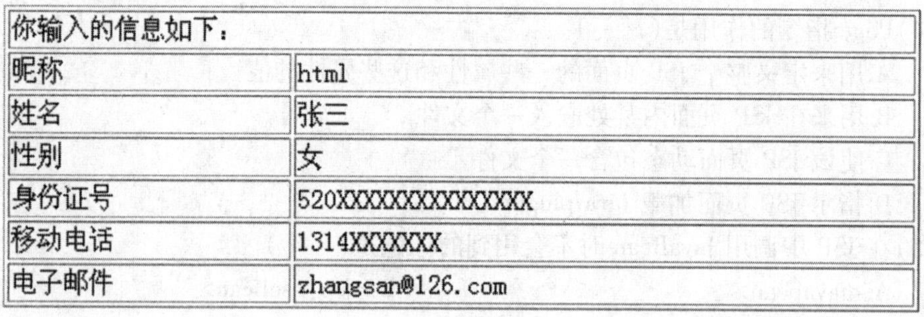

图 2.39　输入结果页面 result.jsp

第三章 Servlet 应用

动态网页技术是当今主流的互联网 Web 应用技术之一,而 Servlet 是 Java Web 技术的核心基础。因此,掌握 Servlet 的工作原理是成为一名合格的 Java Web 技术开发人员的基本要求。Sun 公司推出的 JSP 技术是基于 Java Servlet 以及整个 Java 体系的 Web 开发技术。Servlet 为 Web 开发者提供了一种简便、可靠的机制来扩展 Web 服务器的功能,是快速、高效地开发 Web 动态网站的工具。本章将带你认识 Servlet 的工作原理、特点、JSP+Servlet 的编程技术以及过滤器的使用。

3.1 Servlet 工作原理

在本节将学习:
- Servlet 的工作原理;
- Servlet 的生命周期;
- Servlet 的重要方法。

3.1.1 Servlet 简介

Servlet 是 Sun 公司提供的一门用于开发动态 Web 资源的技术。Servlet(Server Applet),全称 Java Servlet,未有中文译文。狭义的 Servlet 是指 Java 语言实现的一个接口,广义的 Servlet 是指任何实现了这个 Servlet 接口的类。一般情况下,人们通常将 Servlet 理解为后者。

Sun 公司在其 API 中提供了一个 Servlet 接口,用户若想发布一个动态 Web 资源(即开发一个 Java 程序向浏览器输出数据),需要完成以下两个步骤:

①编写一个 Java 类,实现 Servlet 接口。
②把开发好的 Java 类部署到 Web 服务器中。

Servlet 运行于支持 Java 的应用服务器中。从原理上讲,Servlet 可以响应任何类型的请求,但绝大多数情况下 Servlet 只用来扩展基于 HTTP 协议的 Web 服务器。最早支持 Servlet 标准的是 JavaSoft 的 Java Web Server。此后,一些其他的基于 Java 的 Web 服务器开始支持标准的 Servlet。

1.Servlet 的概念

如图 3.1 所示,用户在客户端浏览器中输入一个包含有 JSP 页面的网页地址时,浏览器通过网络将用户的地址请求发送到 Web 服务器(如图 3.1 中实线方框所示),Web 服务器会解析该地址将其中的 JSP 页面找到,然后交给服务器中的 JSP 引擎进行处理(如图 3.1 中虚线方框所示就是 JSP 引擎),JSP 引擎载入 JSP 页面,将其翻译成一段 Java 代码(如图 3.1 中椭圆所示),这段Java代码被Java前辈们赋予了一个特殊的名字:就是我们所说的Servlet。可以将Servlet简单理解为Web服务器中执行的一段Java程序。不过,图3.1中的Servlet是Web服务器自动生成的,其实自己也可以创建Servlet。

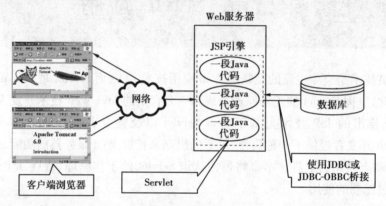

图3.1 Servlet是什么

- Servlet是Java编写的服务器端程序,是由服务器端调用和执行的,按照Servlet自身规范编写的一个Java类。
- Servlet是一种独立于平台和协议的服务器端的Java应用程序,可以生成动态的Web页面。
- 在Servlet中可以控制输出HTML代码,则所有的HTML代码可以使用out.println("HTML代码");输出到页面。

2.Servlet特点

Servlet具备Java跨平台的优点,它不受软硬件环境的限制,其特点有以下几个。

(1)可移植性好

Servlet用Java编写。Servlet代码被编译成字节码后,字节码由Web Server中与平台有关的Java虚拟机(JVM)来解释。Servlet本身由无平台的字节码组成,所以,Servlet无需任何实质上的改动即可移植到别的服务器上。几乎所有的主流服务器都直接或者通过插件支持Servlet。

(2)高效

在传统的CGI中,客户机向服务器发出的每个请求都要生产一个新的进程。在Servlet中,每个请求将生产一个新的线程,而不是一个完整的进程。Servlet被调用时,它被载入驻留在内存中,直到更改Servlet,它才会被再次加载。

(3)功能强大

Servlet可以使用Java API核心的所有功能,这些功能包括Web和URL访问、图像处理、数据压缩、多线程、JDBC、RMI、序列化对象等。

(4)方便

Servlet提供了大量的实用工具例程,如自动解析和解码HTML表单数据、读取和设置HTTP头、处理Cookie、跟踪会话状态等。

(5)可重用性

Servlet提供重用机制,可以给应用建立组件或用面向对象的方法封装共享功能。

（6）模块化

JSP、Servlet、JavaBean 都提供把程序模块化的途径，把整个应用划分为许多离散的模块，各模块负责一项具体的任务，使程序便于理解。每一个 Servlet 可以执行一个特定的任务，Servlet 之间可以相互交流。

（7）节省投资

不仅有许多廉价甚至是免费的 Web 服务器可供个人或者小规模网站使用，而且对于现有的服务器，如果它不支持 Servlet 的话，想要加上这部分功能也往往是免费的或者只需要极少的投资。

（8）安全性

Servlet 可以充分利用 Java 的安全机制，并且可以实现类型的安全性。

3.1.2 Servlet 的生命周期

一件事物，什么时候生，什么时候死，以及在其生存阶段的某一时点会触发的事件，统称为该事物的生命周期。

Servlet 的生命周期分为装载 Servlet、处理客户请求和结束 Servlet 三个阶段。

1. 装载 Servlet

所谓装载 Servlet，实际上是 Web 服务器创建一个 Servlet 对象，并调用这个对象的 init( ) 方法完成必要的初始化工作。在 Servlet 的整个生命周期内，Servlet 的 init( ) 方法只有在 Servlet 被创建时被调用一次。通常情况下，服务器会在 Servlet 第一次被调用时创建该 Servlet 类的实例对象（servlet 出生）；一旦被创建出来，该 Servlet 实例就会驻留在内存中，为后续请求服务。

在下列时刻服务器装载 Servlet：

- 如果配置了自动装载选项，则在启动 Web 服务器时自动装载 Servlet；
- 在 Web 服务器启动后客户端首次向 Servlet 发出请求时自动装载 Servlet；
- 重新装载 Servlet 时自动装载 Servlet。

2. 处理客户请求

当 Servlet 初始化结束后，Servlet 接收由服务器传来的用户请求，调用 service( ) 方法处理客户请求。

service( ) 方法首先获得关于请求对象的信息，处理请求，访问相关资源，获得需要的信息。然后 service( ) 方法使用响应对象的方法将响应传回 Web 服务器，Web 服务器做响应处理后再将其传送至客户端。对于每次访问请求，Servlet 引擎都会创建一个新的 HttpServletRequest 请求对象和一个新的 HttpServletResponse 响应对象，然后将这两个对象作为参数传递给它调用的 Servlet 的 service( ) 方法，service 方法再根据请求方式分别调用 doGet( ) 或者 doPost( ) 方法。

Servlet 能够同时运行多个 service( ) 方法，对于每一个客户请求，Servlet 都在它自己的线程中调用 service( ) 方法为用户服务。但 Servlet 不再调用 init( ) 方法进行初始化。

3.结束 Servlet

当 Web 服务器要卸载 Servlet 或者重新装载 Servlet 时，Servlet 实例对象会被销毁（Servlet 死亡）。服务器会调用 Servlet 的 destroy()方法，将 Servlet 对象从内存中删除。

Servlet 的生命周期如图 3.2 所示，开始于装载到 Web 服务器，终止于销毁。当 Servlet 被加载后，注意通过调用 service()方法为用户服务。

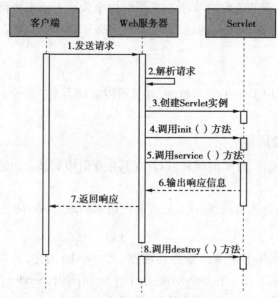

图 3.2　Servlet 提供服务的过程

3.1.3　Servlet 的生命周期方法

1.init()方法

Servlet 第一次被请求加载时，服务器创建一个 Servlet 对象，这个对象调用 init()方法完成必要的初始化工作。该方法在执行时，Servlet 会把一个 ServletConfig 类的对象传递给 init()方法，这个对象就被保存在 Servlet 对象中，直到 Servlet 对象被销毁。

服务器只调用一次 init()方法，以后的客户再请求 Servlet 服务时，Web 服务器将启动一个线程，在该线程中，Servlet 调用 service()方法响应客户请求。

缺省的 init()方法设置了 Servlet 的初始化参数，并用它的 ServletConfig 对象参数来启动配置，所以通常不必覆盖 init()方法。但是在个别情况下也可以用自己编写的 init()方法来覆盖它。例如，可以编写一个 init()方法用于一次装入 GIF 图像，也可以编写一个 init()方法初始化数据库连接。但需要注意的是，所有覆盖 init()方法的 Servlet 应调用 super.init()方法，以确保仍然执行这些任务。此外，在调用 service()方法之前，应确保已完成了 init()方法。

2.service()方法

service()方法是 Servlet 的核心。当每个客户请求一个 Servlet 对象时，该对象的 service()方法就被调用，而且传递给 service()方法一个 ServletRequest(请求)对象和一个

ServletResponse（响应）对象作为参数。service（）方法根据请求的类型调用相应的服务功能，默认的服务功能是调用与 HTTP 请求方法相应的 do 功能。例如，当客户通过 HTML 表单发出一个 HTTP GET 请求时，就调用 doGet（）方法；当客户发出的是一个 HTTP POST 请求时，就调用 doPost（）方法。

HttpServlet.service（）方法会检查请求的方法是否调用了适当的处理方法。通常不必覆盖 service（）方法，只需覆盖相应的 do 方法就可以了。

3.doGet（）方法

当一个客户通过 HTML 表单发出一个 HTTP GET 请求或直接请求一个 URL 时，doGet（）方法被调用。与 GET 请求相关的参数添加到 URL 的后面，并与这个请求一起发送。当不会修改服务器端的数据时，应该使用 doGet（）方法。

4.doPost（）方法

当一个客户通过 HTML 表单发出一个 HTTP POST 请求时，doPost（）方法被调用。与 POST 请求相关的参数作为一个单独的 HTTP 请求从浏览器发送到服务器。当需要修改服务器端的数据时，应该使用 doPost（）方法。

5.destroy（）方法

destroy（）方法仅执行一次，即在服务器停止且卸载 Servlet 时执行该方法。该方法将释放 Servlet 所占用的资源。典型的作法是将 Servlet 作为服务器进程的一部分来关闭。缺省的 destroy（）方法通常是符合要求的，但也可以覆盖它。例如，如果 Servlet 在运行时会累计统计数据，则可以编写一个 destroy（）方法，该方法用于在未装入 Servlet 时将统计数字保存在文件中。

当服务器卸载 Servlet 时，将在所有 service（）方法调用完成后，或在指定的时间间隔过后调用 destroy（）方法。一个 Servlet 在运行 service（）方法时可能会产生其他的线程。因此，请确认在调用 destroy（）方法时，这些线程已终止或完成。

3.2　Servlet 应用实例——注册

在本节将学习：
- Servlet 的执行过程；
- 建立配置 Servlet 完成简单的用户请求。

3.2.1　注册的业务逻辑和界面

下面来试着用 Servlet 来实现用户注册的功能。首先要有个注册画面 JSP，它用于输入用户注册的信息，如用户名、密码、性别等。然后将该页面提交给 Servlet 进行处理并输出这些注册信息到页面上，如图 3.3 和图 3.4 所示。

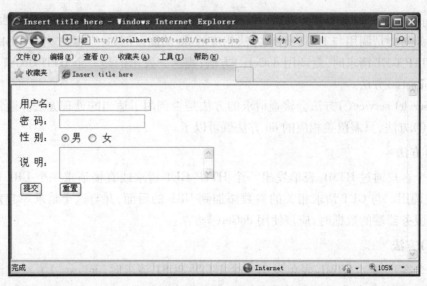

图 3.3 注册画面

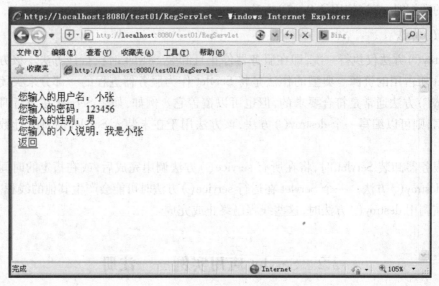

图 3.4 注册信息确认画面

注册画面 register.jsp 的代码如下:

```
<%@ page language="java" contentType="text/html; charset=UTF-8"
    pageEncoding="UTF-8" %>
<html>
<head>



<title>Insert title here</title>
</head>
<body>
    <FORM action="" method="" >
```

```html
    <TABLE>
      <tr>
        <td>用户名:</td>
        <td><INPUT type="text" name="username"></td>
      </tr>
      <tr>
        <td>密    码:</td>
        <td><INPUT type="password" name="password"></td>
      </tr>
      <tr>
        <td>性    别:</td>
        <td><INPUT type="radio" name="sex" value="男" checked>男
          <INPUT type="radio" name="sex" value="女"> 女</td>
      </tr>
      <tr>
        <td>说    明:</td>
        <td><TEXTAREA name="note" rows=3 cols=30></TEXTAREA></td>
      </tr>
      <tr>
        <td><INPUT TYPE="submit" value="提交" name="submit"></td>
        <td><INPUT TYPE="reset"  value="重置" name="reset"></td>
      </tr>
    </TABLE>
  </FORM>
</body>
```

注册画面的代码中,页面提交的地址和方式还没有进行配置,我们将在建立了 Servlet 类之后再来配置。

3.2.2 建立 Servlet 类和业务逻辑处理类

如果要实现 Servlet 接口,就必须全部实现里面的全部方法;然而如果里面所有的方法并不是我们想要的,那么实现这个方法又有什么用呢?所以为了解决这个问题,一般不会去实现该接口,而是会去继承该类的实现类,这样只要实现我们想要的方法就行。

Sun 公司提供了通常用的实现类——Servlet 接口。Sun 公司定义了两个默认实现类,分别为:GenericServlet、HttpServlet。我们通常使用的是 HttpServlet。

HttpServlet 指能够处理 HTTP 请求的 Servlet,它在原有 Servlet 接口上添加了一些与 HTTP 协议处理方法,它比 Servlet 接口的功能更为强大。因此,开发人员在编写 Servlet 时,通常应继承这个类,而避免直接去实现 Servlet 接口。

HttpServlet 在实现 Servlet 接口时,覆写了 service 方法,该方法体内的代码会自动判断用户的请求方式,如为 GET 请求,则调用 HttpServlet 的 doGet 方法,如为 Post 请求,则调用 doPost 方法。因此,开发人员在编写 Servlet 时,通常只需要覆写 doGet 或 doPost 方法,而不要去覆写 service 方法。

我们可以手动的去建立 Servlet 类，继承 HttpServlet 并覆写 doGet、doPost 方法。但在 Eclipse 中，我们也可以用更简便的方法去建立 Servlet 类。在建立的工程的 src 路径下建立包"servlet"，包名上右击选择【new】→【Servlet】命令，如图 3.5 所示。

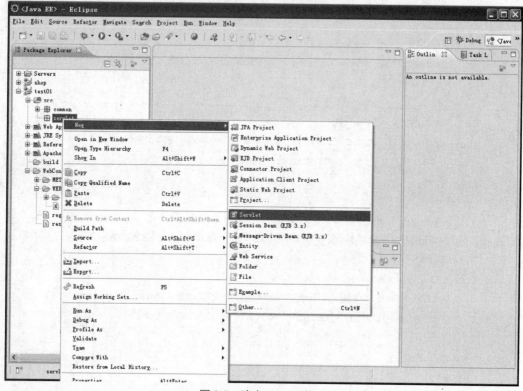

图 3.5　建立 Servlet 类-1

在打开的窗口【Create Servlet】中需要输入要创建的 Servlet 的类名，这里输入"RegServlet"，然后单击【Next】按钮，如图 3.6 所示。

不需要任何操作，直接单击【Next】按钮，如图 3.7 所示。

在下一个画面的下方，选择需要生成的方法。一般来说只需要生成 doGet( )，doPost( ) 方法，但当有特别需要，要覆写 init( )，或者 destroy( ) 方法，则可将这些方法也选中，然后单击【Finish】按钮，如图 3.8 所示。

这样就能生成一个名叫 RegServlet 的类，下面是自动生成的代码：

```
package servlet;

import java.io.IOException;
import javax.servlet.ServletException;
import javax.servlet.http.HttpServlet;
import javax.servlet.http.HttpServletRequest;
import javax.servlet.http.HttpServletResponse;

public class RegServlet extends HttpServlet {
```

图 3.6　建立 Servlet 类-2

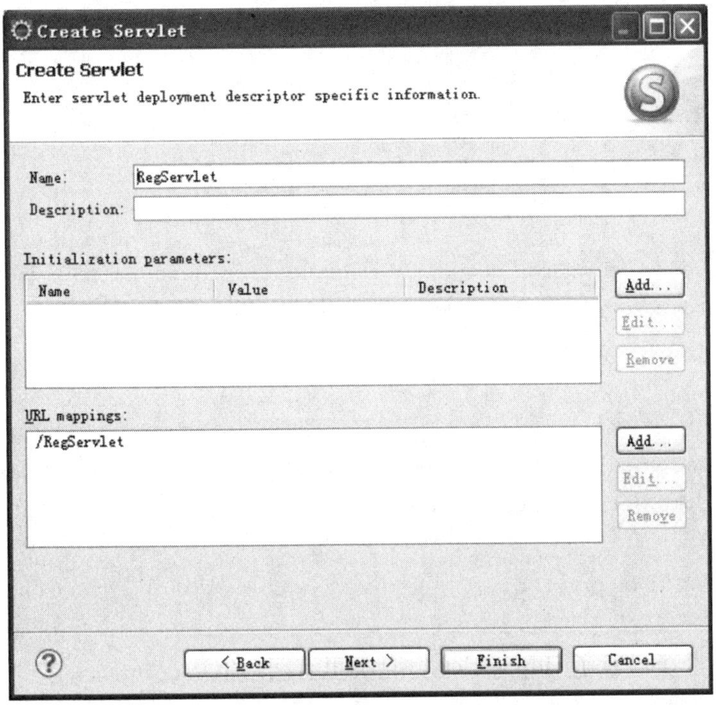

图 3.7　建立 Servlet 类-3

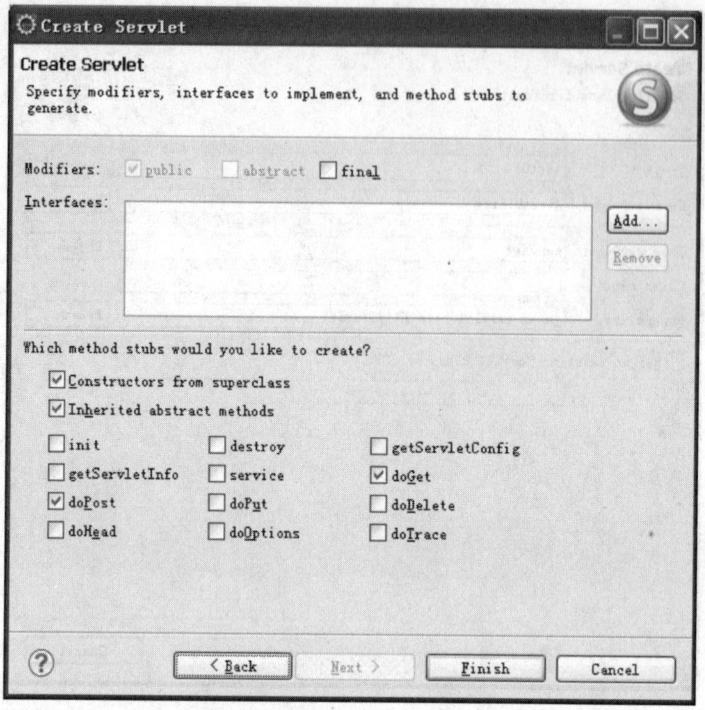

图3.8 建立 Servlet 类-4

```
    private static final long serialVersionUID = 1L;

    public RegServlet() {
        super();
    }

    protected void doGet(HttpServletRequest request,HttpServletResponse response) throws ServletException,IOException {

    }

    protected void doPost(HttpServletRequest request,HttpServletResponse response) throws ServletException,IOException {

        }

}
```

我们看到这个类继承了 HttpServlet,并且类里有两个方法:
protected void doPost(HttpServletRequest request,HttpServletResponse response);
protected void doGet(HttpServletRequest request,HttpServletResponse response);

方法里写入想做的代码(业务逻辑),一个 Servlet 类就这样完成了。这里在 doPost( )方法中调用 Register 类来完成业务逻辑处理。代码如下:

```java
public void doPost(HttpServletRequest request,HttpServletResponse response){
    try{
        Register register=new Register();
        response.setCharacterEncoding("UTF-8");
        register.execute(request,response.getWriter());
    }catch (Exception e){
        e.printStackTrace();
        System.out.println("执行出错了");
    }
}
```

Register 中的 execute 方法类用来完成具体的业务逻辑,处理注册信息的输出。register.java 的代码如下:

```java
package reg;

import java.io.PrintWriter;
import java.io.UnsupportedEncodingException;

import javax.servlet.http.HttpServletRequest;

public class Register {
    private String username;
    private String password;
    private String sex;
    private String note;
    public void execute(HttpServletRequest request,PrintWriter out){

        try {
            request.setCharacterEncoding("UTF-8");
            username=request.getParameter("username");
            password=request.getParameter("password");
            sex=request.getParameter("sex");
            note=request.getParameter("note");
            //使用 out 对象输出所有信息到页面
            out.print("您输入的用户名:" + username + "<br>");
            out.print("您输入的密码:" + password + "<br>");
            out.print("您输入的性别:" + sex + "<br>");
            out.print("您输入的个人说明:" + note);
            out.print("<br>");
            out.print("<a href='./reg/register.jsp'>返回</a>");
        }catch (UnsupportedEncodingException e) {
            e.printStackTrace();
```

```
      }
   }
}
```

3.2.3 Servlet 的配置

由于客户端是通过 URL 地址访问 Web 服务器中的资源,所以 Servlet 程序若想被外界访问,必须把 Servlet 程序映射到一个 URL 地址上,这个工作在 web.xml 文件中使用<servlet>元素和<servlet-mapping>元素完成。

<servlet>元素用于注册 Servlet,它包含有两个主要的子元素:<servlet-name>和<servlet-class>,分别用于设置 Servlet 的注册名称和 Servlet 的完整类名。一个<servlet-mapping>元素用于映射一个已注册的 Servlet 的一个对外访问路径,它包含有两个子元素:<servlet-name>和<url-pattern>,分别用于指定 Servlet 的注册名称和 Servlet 的对外访问路径。

在 web.xml 中加入的代码如下:

- 定义一个 Servlet

```
<servlet>
//servlet 的名字(自己命名,每个 servlet 取名唯一)
<servlet-name>RegServlet</servlet-name>
//Servlet 程序所在的地址(对应的包、类的名称)
<servlet-class>servlet.RegServlet</servlet-class>
</servlet>
```

- 给 Servlet 取别名

```
<servlet-mapping>
//servlet 的名字(与上面的 servlet 名字对应)
<servlet-name> RegServlet</servlet-name>
//具体的映射路径(别名,自己命名,每个 servlet 别名唯一),前面必须有一个'/'
<url-pattern>/RegServ</url-pattern>
</servlet-mapping>
```

注意:只要是 web.xml 文件修改,则必须重新启动服务器。

有了 Servlet 的配置,就需要把 register.jsp 文件里的表单提交地址进行设置。

`<FORM action="RegServ" method="post">`

这里 action 被提交到了"RegServ"。在配置文件 web.xml 中,我们找到映射路径为"/RegServ"的 Servlet 名字为"RegServlet",通过这个名字找到 Servlet 程序所在的地址为"servlet.RegServlet"。由于页面提交方式(method)为"post",所以将调用 servlet.RegServlet 类的 doPost()方法来处理注册的业务逻辑。

3.2.4 调试输出

调试输出的步骤为:

重启 Web 服务器(必须完成的步骤);

在网页地址栏直接输入：

http://Web 服务器 IP 地址:端口号/应用程序名字/jsp 页面名,例如：

```
http://localhost:8080/test01/register.jsp
```

运行效果如图 3.5 所示,然后输入用户名、密码等,单击"提交"按钮,显示结果如图 3.6 所示。

3.2.5 Servlet3.0 的使用

除了像上面 Servlet 那样采用 web.xml 配置以外,我们还可以采用最新的 Servlet 3.0 形式。Servlet 3.0 是 Servlet 规范的最新版本,使用也越来越广泛。Servlet 3.0 作为 Java EE 6 规范体系中一员,随着 Java EE 6 规范一起发布。该版本在前一版本的基础上提供了若干新特性用于简化 Web 应用的开发和部署。其中有几项特性的引入让开发者感到非常兴奋,同时也获得了 Java 社区的一片赞誉之声：

• 异步处理支持:有了该特性,Servlet 线程不再需要一直阻塞,直到所有业务处理完毕才能再输出响应,最后才能结束该 Servlet 线程。而是在接收到请求之后,Servlet 线程可以将耗时的操作委派给另一个线程来完成,自己在不生成响应的情况下返回至容器。针对业务处理较耗时的情况,这将大大减少服务器资源的占用,并且提高并发处理的速度。

• 新增的注解支持:该版本新增了若干注解,用于简化 Servlet、过滤器(Filter)和监听器(Listener)的声明,这使得 web.xml 部署描述文件从该版本开始不再是必选的了。

• 可插性支持:熟悉 Struts2 的开发者一定会对其通过插件的方式与包括 Spring 在内的各种常用框架的整合特性记忆犹新。将相应的插件封装成 JAR 包并放在类路径下,Struts2 运行时便能自动加载这些插件。现在 Servlet 3.0 提供了类似的特性,开发者可以通过插件的方式很方便地扩充已有 Web 应用的功能,而不需要修改原有的应用。

具体使用时,可以不再需要配置 web.xml 文件,而是改写 RegServlet 如下：

```
import java.io.IOException;
import javax.servlet.ServletException;
import javax.servlet.annotation.WebServlet;
import javax.servlet.http.HttpServlet;
import javax.servlet.http.HttpServletRequest;
import javax.servlet.http.HttpServletResponse;

@WebServlet("/RegServlet")
public class RegServlet extends HttpServlet {
    private static final long serialVersionUID = 1L;

    public RegServlet() {
        super();
    }
```

```
    protected void doGet(HttpServletRequest request, HttpServletResponse re-
sponse) throws ServletException, IOException{

    }

    protected void doPost(HttpServletRequest request, HttpServletResponse re-
sponse) throws ServletException, IOException{
        try{
            RegisterService register=new RegisterService();
            response.setCharacterEncoding("UTF-8");
            register.execute(request, response.getWriter());
        }catch(Exception e){
            e.printStackTrace();
            System.out.println("执行出错了");
        }
    }
}
```

从上面的程序中可以明确地看到,使用了@WebServlet这个注解形式为该Servlet配置了路径信息,从而不再需要编写对应的web.xml中的配置内容,从而简化了形式,提高了效率。

3.2.6 Servlet的执行过程

由上面的例子可以看出Servlet的执行过程如图3.9所示。

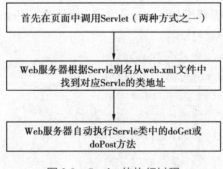

图3.9 Servlet的执行过程

3.3 过滤器(Filter)

在本节将学习:
- Servlet过滤器的概念、作用与执行流程;
- Servlet过滤器的实现。

3.3.1 过滤器简介

1.过滤器的概念

过滤器提供过滤作用,也就是说按照一定的规则放走一部分东西,而留下另一部分东西。形象地说就像渔网,渔网有洞,比网洞大的鱼被渔网留在网里,而比网洞小的鱼则漏出渔网,从而起到了拦住大鱼,放掉小鱼的目的。

Java 中的过滤器(Filter)并不是一个标准的 Servlet,它不能处理用户请求,也不能在客户端生成响应,它只提供过滤作用。它主要用于对 HttpServletRequest 进行预处理,它们拦截请求和响应,拦截 request 之后,就可以进行查看,提取或以某种方式操作正在客户机和服务器之间交换的数据。它也可以对 HttpServletResponse 进行后期处理,是个典型的处理链。一个 web.xml 文件中可以配置多个 Servlet 事件监听器过滤器,Web 服务器按照它们在 web.xml 文件中的配置顺序来加载这些过滤器。

过滤器是通常封装了一些功能的 Web 组件,这些功能虽然很重要,但是对于处理客户机请求或发送响应来说不是决定性的。典型的例子包括记录关于请求和响应的数据、处理安全协议、管理会话属性等。过滤器提供一种面向对象的模块化机制,用以将公共任务封装到可插入的组件中,这些组件通过一个配置文件来声明,并动态地处理。

Servlet 过滤器中结合了许多元素,从而使得过滤器成为独特、强大和模块化的 Web 组件。也就是说,Servlet 过滤器是:

- 声明式的:过滤器通过 Web 部署描述符(web.xml)中的 XML 标签来声明。这样允许添加和删除过滤器,而无须改动任何应用程序代码或 JSP 页面。
- 动态的:过滤器在运行时由 Servlet 容器调用来拦截和处理请求和响应。
- 灵活的:过滤器在 Web 处理环境中的应用很广泛,涵盖诸如日志记录和安全等许多最公共的辅助任务。过滤器还是灵活的,因为它们可用于对来自客户机的直接调用执行预处理和后期处理,以及处理在防火墙之后的 Web 组件之间调度的请求。最后,可以将过滤器链接起来以提供必需的功能。
- 模块化的:通过把应用程序处理逻辑封装到单个类文件中,过滤器从而定义了可容易地从请求/响应链中添加或删除的模块化单元。
- 可移植的:与 Java 平台的其他许多方面一样,Servlet 过滤器是跨平台和跨容器的,从而进一步支持了 Servler 过滤器的模块化和可重用本质。
- 可重用的:归功于过滤器实现类的模块化设计,以及声明式的过滤器配置方式,过滤器可以容易地跨越不同的项目和应用程序使用。
- 透明的:在请求/响应链中包括过滤器,这种设计是为了补充(而不是以任何方式替代)Servlet 或 JSP 页面提供的核心处理。因而,过滤器可以根据需要添加或删除,而不会破坏 Servlet 或 JSP 页面。

2.过滤器的用途

过滤器到底是用来做什么的呢?我们在前面学过了 Servlet,它可以用来处理用户请求。但是在用户具体的请求业务功能的同时,系统有一些特殊的需求。例如,确认该用户是否有权限提交该请求,这就是权限管理。对于有的系统,所有的用户请求都必须验证用户是否有权限。这种验证往往是共通的,如果在每次请求中进行处理,不仅会产生大量的重复代码,工作量大,效率低,而且质量也无法保证。这时就可以用到过滤器(Filter)了。过滤器拦截用户请求,判断用户是否有权限来访问这个资源。有,则让它去访问,没有,就让它转到另外一个页面。这样通过过滤器就实现了授权管理。

当然过滤器不仅可以完成用户验证与权限管理,还有其他许多的用途。例如,验证用户提交的请求中有没有不合法的文字、字符;统计 Web 应用的访问量,访问的命中率以及报告;实现 Web 应用的日志处理功能;实现数据压缩功能;对传输的数据进行加密;实现 XML 文件的 XSLT 转换等。

一个用户请求,即一个 Servlet 可以有多个过滤器,以实现多个过滤逻辑。

3.过滤器的内部结构

所有的 Servlet 过滤器都必须实现 javax.servlet.Filter 接口,并实现该接口中的 3 个方法。

(1) init(FilterConfig filterConfig)

Servlet 过滤器的初始化方法,Servlet 容器创建 Servlet 过滤器实例后将调用该方法。该方法将读取 web.xml 文件中 Servlet 过滤器的初始化参数。Init 方法在 Filter 生命周期中仅执行一次。

(2) doFilter(ServletRequest request,ServletResponse response,FilterChain chain)

该方法完成实际的过滤操作,当客户端请求方法与过滤器设置匹配的 URL 时,Servlet 容器将先调用过滤器的 doFilter 方法,FilterChain 用户访问后续过滤器。

这里的 ServletRequest 和 ServletResponse 一般需要转换成具体的 Servlet 实现对应的对象,如:HttpServletRequest 和 HttpServletResponse。

每当调用一个过滤器(即每次请求与此过滤器相关的 Servlet 或 JSP 页面)时,就执行其 doFilter 方法。正是这个方法包含了大部分的过滤逻辑。

第一个参数为与传入请求有关的 ServletRequest。对于简单的过滤器,大多数过滤逻辑是基于这个对象的。如果处理 HTTP 请求,并且需要访问诸如 getHeader 或 getCookies 等在 ServletRequest 中无法得到的方法,就要把此对象构造成 HttpServletRequest。

第二个参数为 ServletResponse。除了在两个情形下要使用它以外,通常忽略这个参数。首先,如果希望完全阻塞对相关 Servlet 或 JSP 页面的访问。可调用 response.getWriter 并直接发送一个响应到客户机。其次,如果希望修改相关的 Servlet 或 JSP 页面的输出,可把响应包含在一个收集所有发送到它的输出的对象中。然后,在调用 Serlvet 或 JSP 页面后,过滤器可检查输出,如果合适就修改它,之后发送到客户机。

doFilter 的最后一个参数为 FilterChain 对象。对此对象调用 doFilter 以激活与 Servlet 或 JSP 页面相关的下一个过滤器。如果没有另一个相关的过滤器,则对 doFilter 的调用激活 Servlet 或 JSP 本身。

(3) destroy()

在 Web 容器卸载 Filter 对象之前被调用。该方法在 Filter 的生命周期中仅执行一次。在这个方法中,可以释放过滤器使用的资源。

大多数过滤器简单地为此方法提供一个空体,不过,可利用它来完成诸如关闭过滤器使用的文件或数据库连接池等清除任务。

4. 过滤器的执行流程

如图 3.10 所示,过滤器的处理过程是一个链式的过程(FilterChain),即多个过滤器组成一个链,依次处理。先处理第一个过滤器的 doFilter( )方法中的 chain.doFilter( )方法之前的内容,即图中左边大矩形中的"Code1"。之后通过 chain.doFilter( )方法将控制权交给下一个过滤器,执行下一个过滤器的 doFilter( )方法中的 chain.doFilter( )方法之前的内容,即图中中间大矩形中的"Code1"。以此类推,最后交给 Servlet,执行 Servlet 的 service( )方法。service( )方法执行完以后,控制权再交回给最后一个过滤器,执行过滤器的 doFilter( )方法中的 chain.doFilter( )方法之后的内容,即图中右边大矩形中的"Code2",之后再回到倒数第二个过滤器,执行过滤器的 doFilter( )方法中的 chain.doFilter( )方法之后的内容。以此类推,最后返回客户端,在画面上显示请求结果。

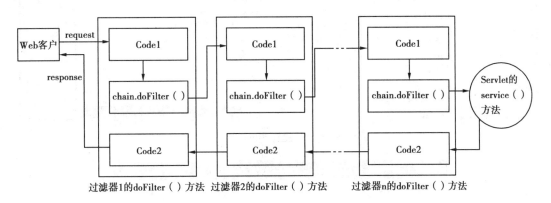

图 3.10 过滤器的执行流程

其中,链式过滤过程中也可以直接给出响应,即返回客户端,而不是向后传递。

3.3.2 过滤器的实现与配置

下面用一个例子来学习如何配置过滤器,并验证一下过滤器的执行流程。我们建立两个过滤器类,并配置过滤器到 Servlet 上。

1. 建立 Filter 类

我们可以手动地建立 Filter 类,实现 javax.servlet.Filter 接口,并实现该接口中的三个方法,但在 Eclipse 中,也可以用更简便的方法去建立 Filter 类。在建立的工程的 src 路径下建立包"filter",在包名上右击选择【New】→【Other】命令,如图 3.11 所示。

在弹出的窗口中选择【Filter】,单击【Next】按钮,如图 3.12 所示。

在弹出的窗口中输入要建立的 Filter 类的名字,这里输入"MyFilter1",单击【Finish】按钮,如图 3.13 所示。

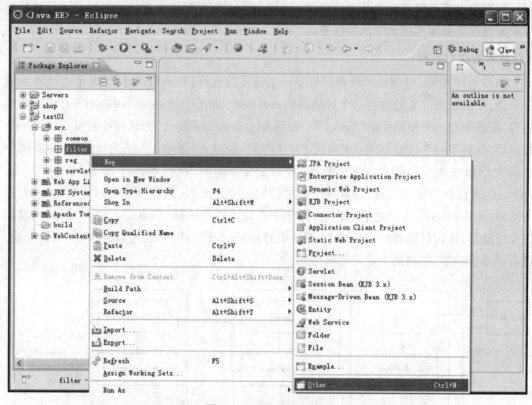

图 3.11 建立 Filter 类-1

图 3.12 建立 Filter 类-2

图 3.13　建立 Filter 类-3

这样在我们的包 filter 下就自动生成了一个 Filter 名字叫 MyFilter1,代码如下:

```
package filter;

import java.io.IOException;
import javax.servlet.Filter;
import javax.servlet.FilterChain;
import javax.servlet.FilterConfig;
import javax.servlet.ServletException;
import javax.servlet.ServletRequest;
import javax.servlet.ServletResponse;
public class MyFilter1 implements Filter {

    public MyFilter1() {

    }

    public void destroy() {

    }

    public void doFilter(ServletRequest request,ServletResponse response,FilterChain chain) throws IOException,ServletException {
        chain.doFilter(request,response);
    }
```

```
        public void init(FilterConfig fConfig) throws ServletException {

        }
}
```

这个类实现了 Filter 接口,并且自动生成了 destroy( )、doFilter( )、init( ) 3 个方法。我们重点关心 doFilter( )方法。自动生成的代码中包含了 chain.doFilter(request,response)。在这句话的前后我们可以加入过滤器需要的过滤逻辑代码。为了观察 Filter 的执行过程,加入下面的代码:

```
public void doFilter(ServletRequest request,ServletResponse response,FilterChain chain) throws IOException,ServletException {

        System.out.println("MyFilter1 before chain.doFilter");

        chain.doFilter(request,response);

        System.out.println("MyFilter1 after chain.doFilter");
}
```

使用上面的方法我们再建立一个过滤器类 MyFilter 2,代码如下:

```
package filter;

import java.io.IOException;
import javax.servlet.Filter;
import javax.servlet.FilterChain;
import javax.servlet.FilterConfig;
import javax.servlet.ServletException;
import javax.servlet.ServletRequest;
import javax.servlet.ServletResponse;


public class MyFilter2 implements Filter {

    public MyFilter2() {

    }

    public void destroy() {

    }
```

```java
    public void doFilter(ServletRequest request,ServletResponse response,FilterChain chain) throws IOException,ServletException {

        System.out.println("MyFilter2 before chain.doFilter");

        chain.doFilter(request,response);

        System.out.println("MyFilter2 after chain.doFilter");
    }

    public void init(FilterConfig fConfig) throws ServletException {

    }
}
```

2. 配置 Filter 类

当用上面的方法自动生成 Filter 类后，打开 web.xml 可以看到已经自动生成了过滤器的配置代码，只需要按照需要将代码稍做修改即可。配置一个 Filter 类只需要下面两段代码：

- 定义一个 Filter：

```xml
<filter>
    //Filter 的名字(自己命名,每个 Filter 取名唯一)
    <filter-name>MyFilter1</filter-name>
    //Filter 程序所在的地址(对应的包、类的名称)
    <filter-class>filter.MyFilter1</filter-class>
</filter>
```

- Filter 映射路径：

```xml
<filter-mapping>
    //Filter 的名字(与上面的 Filter 名字对应)
    <filter-name>MyFilter1</filter-name>
    //具体的映射路径。'/*'表示匹配所有路径
    <url-pattern>/*</url-pattern>
</filter-mapping>
```

注意：只要是 web.xml 文件修改，则必须重新启动服务器。

上面的代码示例说明配置了一个过滤器，它的名字叫 MyFilter1，它的代码位置在 filter.MyFilter1。因为映射路径为所有路径，所以所有的用户请求都会被该拦截器拦截。

再将 MyFilter2 进行配置，代码如下：

```xml
<filter>
    <filter-name>MyFilter2</filter-name>
    <filter-class>filter.MyFilter2</filter-class>
</filter>
```

```
<filter-mapping>
    <filter-name>MyFilter2</filter-name>
    <url-pattern>/*</url-pattern>
</filter-mapping>
```

3. 调试输出

调试输出的步骤为：

重启 Web 服务器（必需步骤）；

访问注册页面，在网页地址栏直接输入：

http://localhost:8080/test01/register.jsp

运行之后，查看控制台，如图 3.14 所示。

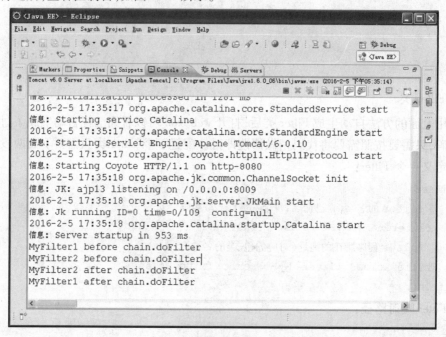

图 3.14 过滤器运行结果

注意：应用程序将按照在 web.xml 中过滤器的配置顺序进行调用。在这里先是调用 MyFilter1，再是 MyFilter2。

这里印证了前面讲的过滤器的执行流程，先处理第一个过滤器（MyFilter1）的 doFilter( ) 方法中的 chain.doFilter( ) 方法之前的内容，即输出了"MyFilter1 before chain.doFilter"，再执行下一个过滤器（MyFilter2）的 doFilter( ) 方法中的 chain.doFilter( ) 方法之前的内容，即输出了"MyFilter2 before chain.doFilter"。由于这里只是请求一个 JSP 页面，并无 Servlet 的处理，所以没有执行 service( ) 方法，之后控制权再交回给最后一个过滤器（MyFilter2），执行过滤器的 doFilter( ) 方法中的 chain.doFilter( ) 方法之后的内容，即输出了"MyFilter2 after chain.doFilter"，之后再回到倒数第二个过滤器（MyFilter1），执行过滤器的 doFilter( ) 方法中的 chain.doFilter( ) 方法之后的内容，即输出了"MyFilter1 after chain.doFilter"。

4.配置过滤器到某个 Servlet

Filter 映射路径可以是一个 URL,如上面讲到的一样,但也可以为某些特定的 Servlet 配置过滤器。使用<servlet-name>标签,即将 Filter 配置代码的第二段 Filter 映射路径代码改为:

```
<filter-mapping>
    //Filter 的名字
    <filter-name>MyFilter1</filter-name>
    //需要映射的 Servlet 的名字
    <servlet-name>RegServlet</servlet-name>
</filter-mapping>
```

RegServlet 是在 3.2 节配置的 Servlet,上面的代码配置了过滤器(MyFilter1),将它映射到一个 Servlet(RegServlet)上。同样的,将 MyFilter2 也配置到 RegServlet 上:

```
<filter-mapping>
    <filter-name>MyFilter2</filter-name>
    <servlet-name>RegServlet</servlet-name>
</filter-mapping>
```

在业务逻辑处理的代码 Register.execute()方法中加入一句话:

```
System.out.println("in servlet");
```

重启 Web 服务器后,访问注册页面,在网页地址栏直接输入:

```
http://localhost:8080/test01/register.jsp
```

输入适当的信息,单击【提交】按钮之后,查看控制台,如图 3.15 所示。

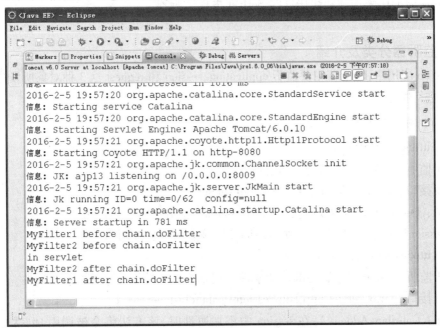

图 3.15　配置过滤器到某个 Servlet 上

控制台的输出验证了图 3.10 的过滤器的执行流程,先依次执行过滤器的前半代码,之后执行 Servlet 的 service( )方法,最后反向执行过滤器的后半代码。

3.4 监听器

在本节将学习:
- Servlet 监听器的概念和作用;
- Servlet 监听器的实现。

3.4.1 监听器概述

写过 AWT 或 Swing 程序的人一定对桌面程序的事件处理机制印象深刻:通过实现 Listener 接口的类可以在特定事件(Event)发生时,呼叫特定的方法来对事件进行响应。其实在编写 Servle 程序时,也有类似的事件处理机制。当某些特定对象发生某些特定的行为时,就能调用另外的特定对象的方法,对发生的特殊事件进行响应。也就是说专门有一些监听器类对一些特定的事件进行监控,一旦这些事件发生了,就会调用监听器类的特定方法进行处理。

编写 Servlet 监听器需要实现一个特定的监听器接口,并针对相应动作覆盖接口中的相应方法。和其他事件监听器略有不同的是,Servlet 监听器的注册不是直接注册在事件源上,而是由 Web 容器负责注册,开发人员只需在 web.xml 文件中使用标签配置好监听器,Web 容器就会自动把监听器注册到事件源中。

一个 web.xml 文件中可以配置多个 Servlet 事件监听器,Web 服务器按照它们在 web.xml 文件中的注册顺序来加载和注册这些 Serlvet 事件监听器。

3.4.2 监听器分类及介绍

在 Web 应用中,监听器主要监听 application、session 和 request 这 3 种对象所发生的特定事件,并进行特定的处理。

1. 与 session 对象有关的监听器

(1) HttpSessionListener

用于监听 Session 对象的创建和销毁。

实现接口:javax.servlet.http.HttpSessionListener。

方法:①sessionCreated( ):创建一个 Session 时,该方法将会被调用。

②sessionDestroyed( ):销毁一个 Session 时,该方法将会被调用。

(2) HttpSessionAttributeListener

用于监听 Session 对象属性的改变事件。包括增加属性、删除属性、修改属性。

实现接口: javax.servlet.http.HttpSessionAttributeListener。

方法:①attributeAdded( ):在 session 中添加属性时,该方法将会被调用,也就是说调用 session.setAttribute( )这个方法时会触发。

②attributeRemoved( ):删除 session 中属性时,该方法将会被调用,也就是说调用 session.

removeAttribute( )这个方法时会触发。

③attributeReplaced( ):在 session 属性被重新设置时,该方法将会被调用。

(3)HttpSessionActivationListener

用于监听 Session 对象的钝化、活化事件。活化(Activate)与钝化(Passivate)是 Web 容器为了更好地利用系统资源或者进行服务器负载平衡等原因而对特定对象采取的措施。会话对象的钝化是指暂时将会话对象通过对象序列化的方式存储到硬盘上,而会话对象活化与钝化相反,Web 容器把硬盘上存储的会话对象文件重新加载到 Web 容器中。

实现接口:javax.servlet.http.HttpSessionActivationListener。

方法:①sessionDidActivate( ):会话对象活化后由容器进行自动调用。

②sessionWillPassivate( ):会话对象钝化前由容器进行自动调用。

(4)HttpSessionBindingListener

该监听器不需要配置。

实现接口:javax.servlet.http.HttpSessionBindingListener。

方法:①valueBound( ):该监听器类的对象通过 session.setAttribute( )被绑定到 session 对象中时,该方法将会被调用。

②valueUnbound( ):该监听器类的对象通过 session.removeAttribute( )或者 session.invalidate( )方法或者 session 对象过期时,该方法将会被调用。

2.与 application 对象有关的监听器

(1)ServletContextListener

用于监听 Web 应用启动和销毁的事件。

实现接口:javax.servlet.ServletContextListener。

方法:①contextInitialized( ):Web 容器中加载该应用时(如启动服务器),该方法将会被调用。

②contextDestroyed( ):Web 容器中移除该 Web 应用时(如关闭服务器),该方法将会被调用。

(2)ServletContextAttributeListener

用于监听 Web 应用属性改变的事件,包括增加属性、删除属性、修改属性。

实现接口:javax.servlet.ServletContextAttributeListener。

方法:①attributeAdded( ):在 context 中添加属性时,该方法将会被调用,也就是说调用 context.setAttribute( )这个方法时会触发。

②attributeRemoved( ):删除 context 中属性时,该方法将会被调用,也就是说调用 context.removeAttribute( )这个方法时会触发。

③attributeReplaced( ):在 context 属性被重新设置时,该方法将会被调用。

3.与 request 对象有关的监听器

(1)ServletRequestListener

用于监听 Web 应用启动和销毁的事件。

实现接口:javax.servlet.ServletContextListener。

方法：①requestInitialized()：request 对象被创建时,该方法将会被调用。
②requestDestroyed()：request 对象被销毁时,该方法将会被调用。
(2) ServletRequestAttributeListener

用于监听 request 对象属性改变的事件,包括增加属性、删除属性、修改属性。

实现接口：javax.servlet.ServletRequestAttributeListener。

方法：①attributeAdded()：在 request 中添加属性时,该方法将会被调用,也就是说调用 context.setAttribute()这个方法时会触发。

②attributeRemoved()：删除 context 中属性时,该方法将会被调用,也就是说调用 context.removeAttribute()这个方法时会触发。

③attributeReplaced()：在 context 属性被重新设置时,该方法将会被调用。

3.4.3 监听器应用实例

我们可以通过监听器实现统计网站在线人数的功能,其中用到的是 HttpSessionListener。当有一个用户去访问网站时,就会为该用户创建一个 session,这时就在一个变量上加 1,当一个用户离开网站时,session 就会被销毁,这时再在这个变量上减 1,这样就可以统计出当前网站的在线人数了。

1.建立 Listener 类

可以手动地建立 Listener 类,实现 HttpSessionListener 接口,并实现该接口中的 3 个方法。但在 Eclipse 中,我们也可以用更简便的方法去建立 Listener 类。在建立的工程的 src 路径下建立包"listener",在包名上右击选择【New】→【Other】命令,如图 3.16 所示。

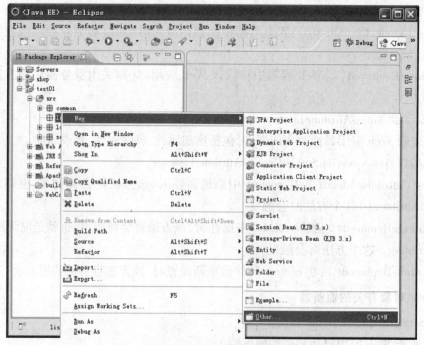

图 3.16　建立 Listener 类-1

在弹出的窗口中选择【Listener】,单击【Next】按钮,如图 3.17 所示。

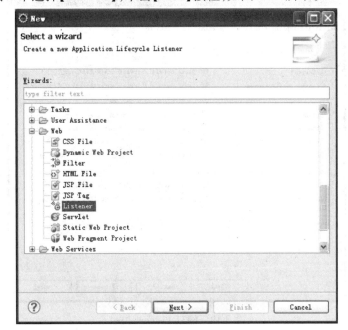

图 3.17　建立 Listener 类-2

在弹出的窗口中输入建立的 Filter 类的名字,这里输入"MyListener",单击【Next】按钮,如图 3.18 所示。

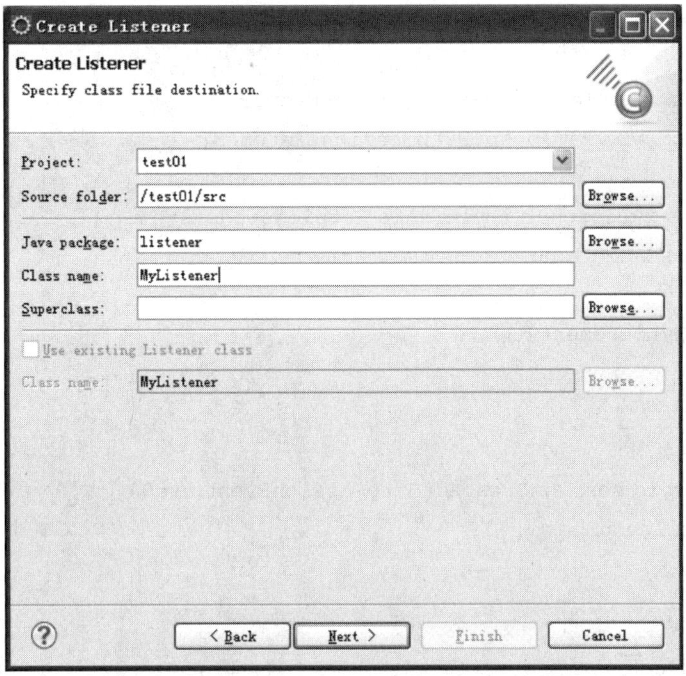

图 3.18　建立 Listener 类-3

在弹出的对话框中选择需要实现的接口,这里选择" javax. servlet. http. HttpSessionListener",单击【Finish】按钮,如图 3.19 所示。

图 3.19 建立 Listener 类-4

这样在包 listener 下就自动生成了一个 Listener，名字叫 MyListener。在这个类当中需要建立一个静态变量 onlineNumber，实现该变量的 set, get 方法。然后当一个 session 对象创建时，将该变量加 1，当一个 session 对象销毁时，将该变量减 1。该监听器类的完整代码如下：

```java
package listener;

import javax.servlet.http.HttpSessionEvent;
import javax.servlet.http.HttpSessionListener;

public class MyListener implements HttpSessionListener {
    private static long onlineNumber = 0;

    public MyListener() {

    }

    public void sessionCreated(HttpSessionEvent arg0) {
        onlineNumber += 1;

    }

    public void sessionDestroyed(HttpSessionEvent arg0) {
        onlineNumber -= 1;
    }
```

```java
    public static long getOnlineNumber() {
        return onlineNumber;
    }

    public static void setOnlineNumber(long onlineNumber) {
        MyListener.onlineNumber = onlineNumber;
    }
}
```

2. 配置 Listener 类

当用上面的方法自动生成 Listener 类后,打开 web.xml 可以看到已经自动生成了监听器的配置代码,它配置了一个监听器类的完整路径。代码如下:

```xml
<listener>
    <listener-class>listener.MyListener</listener-class>
</listener>
```

如果是手动生产的 Listener 类,请将该配置代码添加到 web.xml 中。

3. 实现页面 index.jsp,输出在线人数

在 WebContent 路径下建立 index.jsp 文件,文件中调用 MyListener 类的 getOnlineNumber( ) 方法,输出在线人数到页面。注意在该 JSP 文件中需要 import 我们建立的 MyListener 类。完整代码如下:

```jsp
<%@ page language="java" contentType="text/html; charset=UTF-8"
    pageEncoding="UTF-8" import="listener.MyListener"%>
<html>
<head>
<title>Insert title here</title>
</head>
<body>
    当前在线人数为:<% =MyListener.getOnlineNumber() %>

</body>
```

4. 调试输出

调试输出步骤如下:

重启 Web 服务器(必须完成的步骤);

访问注册页面,在网页地址栏直接输入:

```
http://localhost:8080/test01/index.jsp
```

运行之后,如图 3.20 所示。

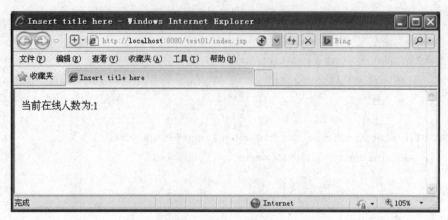

图 3.20 监听器实现统计网站在线人数

当再打开一个浏览器访问该页面,则会看到在线人数变成了两人。当关掉一个浏览器,在一定的延迟后,刷新另一个浏览器,在线人数就会变为 1。这是因为监听了 Session 对象的创建和销毁事件。打开一个浏览器访问网站,就会发生 Session 对象的创建事件,静态变量便加 1;而关闭一个浏览器,就会发生 Session 的销毁事件,静态变量便减 1,从而达到计算在线人数的目的。

3.5 巩固与提高

1. 选择题

(1) 部署 Servlet 时,web.xml 文件中 <servlet> 标签应该包含(　　)标签。(选择两项)
　　A. <servlet-mapping>　　　　　　　　B. <servlet-name>
　　C. <url-pattern>　　　　　　　　　　D. <servlet-class>

(2) 为了获得用户提交的表单参数,可以从(　　)接口中得到。
　　A. ServletResponse　　　　　　　　　B. Servlet
　　C. RequestDispatcher　　　　　　　　D. ServletRequest

(3)(　　)对象可以用于获得浏览器发送的请求。
　　A. HttpServletRequest　　　　　　　　B. HttpServletResponse
　　C. HttpServlet　　　　　　　　　　　D. Http

(4) 以下不是 Filter 接口的方法的是(　　)。
　　A. init(FilterConfig config)
　　B. void destroy( )
　　C. void doFilter(HttpServletRequest requestHttpServletResponse response)
　　D. void doFilter(ServletRequest request,ServletResponse response,FilterChain chain)

(5) 在 Servlet 的生命周期中,容器只调用一次的方法是(　　)。(选择两项)
　　A. service　　　B. getServletConfig　　　C. init　　　D. destroy

(6) Servlet 在容器中经历的阶段,按顺序为(　　)。
　　A. 服务、加载、初始化、卸载、销毁

B.加载、初始化、服务、销毁、卸载

C.初始化、服务、销毁、加载、卸载

D.服务、卸载、加载、初始化、销毁

(7) HttpServlet 中,用来处理 get 请求的方法是(　　)。

　　A.doHead　　　　B.doGet　　　　　C.doPost　　　　D.doPut

(8) HTTP 缺省的请求方法是(　　)。

　　A.put　　　　　 B.get　　　　　　C.post　　　　　D.trace

(9) 下面(　　)标记与 Servlet 的配置无关。

　　A.servlet-mapping　　B.servlet-class　　C.url-pattern　　D.tag

(10) JSP 页面经过编译之后,将创建一个(　　)。

　　A.applet　　　　B.Servlet　　　　C.application　　D.exe 文件

(11) 在 Servlet 里,能正常获取 session 的语句是(　　)。

　　A.HttpSession session = request.getSession()

　　B.HttpSession session = request.getHttpSession(true)

　　C.HttpSession session = response.getSession();

　　D.HttpSession session = response.getHttpSession(true)

(12) 在 J2EE 中,编写 Servlet 过滤器时,(　　)接口用于调用过滤器链中的下一个过滤器。

　　A.Filter　　　　B.FilterConfig　　C.FilterChain　　D.Servlet

(13) Servlet 中,HttpServletResponse 的(　　)方法用来把一个 HTTP 请求重定向到另外的 URL。

　　A.sendURL()　　　　　　　　　　B.redirectURL()

　　C.sendRedirect()　　　　　　　　D.redirectResponse()

(14) 在 Servlet 中,response.getWriter() 返回的是(　　)。

　　A.JspWriter 对象　　　　　　　　B.PrintWriter 对象

　　C.Out 对象　　　　　　　　　　 D.ResponseWriter 对象

(15) 在访问 Servlet 时,在浏览器地址栏中输入的路径是在(　　)地方配置的。

　　A.<servlet-name/>　　　　　　　B.<servlet-mapping/>

　　C.<uri-pattern/>　　　　　　　　D.<url-pattern/>

(16) request 对象的(　　)方法可以获取页面请求中一个表单组件对应多个值时的用户的请求数据。

　　A.String getParameter(String name)

　　B.String[ ] getParameter(String name)

　　C.String getParameterValues(String name)

　　D.String[ ] getParameterValues(String name)

2. 填空题

(1) 在使用 Servlet 过滤器时,需要在 web.xml 通过_____元素将过滤器映射到 Web 资源。

(2)在一个 Filter 中,处理 filter 业务的是_____方法。

3. 操作题

创建页面 msg.jsp,如图 3.21(a)所示,在页面中输入姓名"huang wu"后单击提交按钮,在另一页面 result.jsp 中显示如图 3.21(b)所示效果。

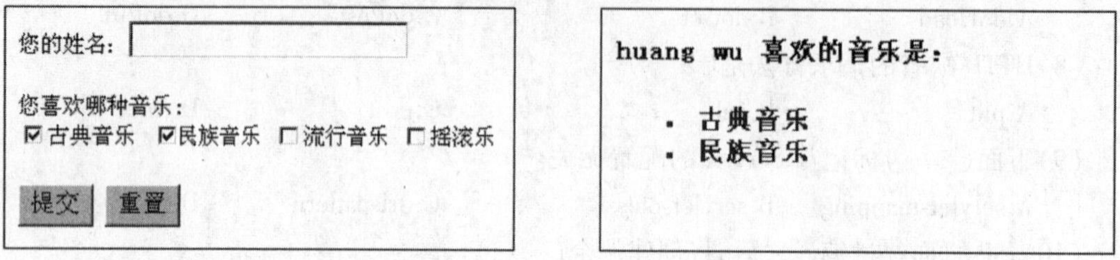

(a)输入界面msg.jsp　　　　　　　　　(b)显示结果界面result.jsp

图 3.21　创建页面

第四章 数据库编程

数据库,顾名思义,是存储数据的仓库,是在计算机存储设备上按一定格式存放的有组织的、可共享的数据集合。我们可以使用 Java 的 JDBC 技术实现对数据库中表记录的查询、修改和删除等操作。JDBC 技术在网页应用程序的开发中占有很重要的地位。

4.1 数据库编程基础知识

在本节将学习:
- JDBC 的基本概念;
- JDBC 数据库编程;
- 数据库查询返回值 ResultSet 类对象的使用。

4.1.1 MySQL 数据库概述

MySQL 是一个轻量级关系型数据库管理系统,由瑞典 MySQL AB 公司开发,目前属于 Oracle 公司。目前 MySQL 被广泛地应用在 Internet 上的中小型网站中,由于体积小,速度快,总体拥有成本低,开放源码,免费,一般中小型网站的开发都选择 Linux + MySQL 作为网站数据库。

MySQL 是一种关联数据库管理系统,关联数据库将数据保存在不同的表中,而不是将所有数据放在一个大仓库内,这就增加了速度并提高了灵活性。

我们在后面的开发中将持续使用 MySQL 数据库以及它的第三方客户端 MySQL Front。

4.1.2 JDBC 简介

我们说的使用 Java 语言连接数据库是通过使用一个开放的数据库编程接口(JDBC)来实现的(全称是 Java DataBase Connectivity)。

1. 早期的数据库编程(没有开放数据库编程接口的情形)

开发者在连接数据库的时候必须要针对不同数据库写不同的代码来实现数据库的连接,这使得开发者要花很多功夫在数据库连接的实现上,并被迫使开发者不但要掌握编程语言,还要知道数据库底层的细节。这样做的缺点如下:
- 程序代码复杂,开发周期长,可读性差,重用性差;
- 程序调试复杂,往往需要开发者和数据库提供商共同调试。

2. 开放式数据库编程接口

为了解决数据库编程问题,开放式数据库编程接口——ODBC(Open Database Connectivity)应运而生。

该接口进行的两大规范:
- 针对数据库提供商:统一了数据库编程函数(函数名、函数参数),要求数据库提供商提供数据库编程的具体实现(数据库驱动程序);
- 针对开发者:要求调用统一的函数进行编程,无须知道函数的具体实现细节。

3.JDBC

在 Java 语言产生之后,为了让 Java 使用 ODBC 技术来连接数据库,开发者使用 Java 语言重新定义了 ODBC 接口,也就形成了现在的 JDBC。由于接口是针对开发者和数据库提供商的,开发者定义了 JDBC,数据库提供商也要重新提供基于 Java 语言的数据库实现(也就是驱动程序),如图 4.1 所示。

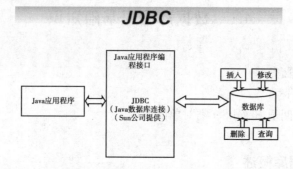

图 4.1 JDBC 实现数据库访问

也就是说,JDBC 就是 Java 语言用于数据库连接的程序接口(API)。简单地说,JDBC 能完成三件事:

①与一个数据库建立连接;
②向数据库发送 SQL 语句;
③处理数据库返回的结果。

可能有同学还是不理解 JDBC 程序接口到底是什么。我们来举个例子。如果李飞是某家商务公司的老板,他跟很多家国外公司做生意。如果他跟英国人谈生意,那么他要先去学习一下英文;跟德国人谈生意,需要先学习一下德文;如果跟日本人谈生意,又要先学一下日文。这就跟没有 JDBC 程序接口以前,开发者在连接数据库的时候必须要针对不同数据库写不同的代码来实现连接是一样的。使用 Oracle 数据库时要去了解 Oracle 的底层细节,并编写专门的代码;使用 MySQL 数据库时要去了解 MySQL 的底层细节,并编写专门的代码。这样做既痛苦,并且效率也低。

那么李飞如何解决这一问题呢?他想到了可以使用翻译 APP 来解决这一问题。他不需要会各国语言,只要会使用翻译 APP 即可解决。这个翻译 APP 就好比我们的 JDBC 接口。但是翻译 APP 在使用德语时,需要下载德语语言包;使用日语时需要下载日语语言包,才能够完成翻译任务。同样的我们 JDBC 接口为了完成跟各种数据库的连接需要的就是各个数据库的驱动。

这些数据库的 JDBC 驱动程序一般都是由数据库厂商开发的,但是有些数据库厂商没有为它的数据库开发相应的 JDBC 驱动程序,所以要使用第三方公司开发的驱动程序。本书主要介绍 MySQL 数据库的 JDBC 驱动以及操作方法。

4.1.3 JDBC 连接数据库编程

参与建立一个 JDBC 应用程序,需要按六个步骤进行:

(1)导入包

这需要你有软件包包含了数据库编程所需的 JDBC 类。大多数情况下,使用 import java.sql.* 就足够了,如下:

```
import java.sql.*;
```

(2)加载数据库驱动程序(使用 class 类的静态方法 forName 加载)

格式:Class.forName("数据库驱动名称");

不同的数据库需要加载不同的驱动,如图 4.2 所示。

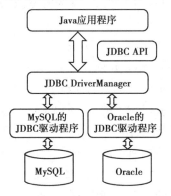

图 4.2　数据库驱动的加载

- 装载 Oracle JDBC 驱动

```
Class.forName("oracle.jdbc.driver.OracleDriver");
```

- 装载 MySQLServer 驱动

```
Class.forName("com.mircosoft.jdbc.sqlserver.SQLServerDriver");
```

- 装载 MySQL 驱动

```
Class.forName("com.mysql.jdbc.Driver");
```

注意:括号里的参数是以上固定的字符串,特别注意大小写,一定要按照规定编写。

(3)建立数据库连接

使用 DriverManager 类的 getConnection 方法来获得一个数据库连接对象(也就是这个方法返回一个 Connection 类的对象),当对象成功获得时,表示数据库连接成功。

连接命令格式:

```
Connection conn =DriverManager.getConnection(url,username,password)
```

getConnection 方法说明:

- url 参数:指数据库连接的地址,字符串形式。一般格式如下:

"协议:子协议:子名://数据库服务器地址"

url 参数例子(连接 MySQL,数据库名为 testdb):

```
jdbc:mysql://127.0.0.1/testdb
jdbc:mysql://localhost:3306/testdb
jdbc:mysql://localhost:3306/testdb?characterEncoding=utf-8"
```

如果希望中文字符能存入数据库中而不乱码,则在连接 url 的最后加入参数 characterEncoding=utf-8,参数的前面用问号"?"连接。

注意:localhost 与 127.0.0.1 都指的是本地数据库,3306 是数据库端口号,是我们在安装数据库时确定的。若连接的数据库厂商不变,url 前面部分是固定的,我们只需要关心 IP 地址、端口号和数据库名就行了。

- login 参数:字符串形式,数据库登录用户名。
- password 参数:字符串形式,数据库登录密码。
- 返回值:生成一个 Connection 类的对象,对象建立成功(不为空)表示连接成功,而且,Java 数据库编程的后续步骤也从它开始。

(4)创建一个执行 SQL 语句所需的类的对象

当第二步创建的连接对象 Connection 创建好后,我们调用该对象的 createStatement 方法创建一个执行 SQL 语句的 Statement 类的对象 statement,命令格式如下:

```
Statement statement = conn.createStatement();
```

(5)执行 SQL 语句进行数据库操作

①查询操作:调用上一步生成的 statement 对象的 executeQuery 方法,命令格式为:

```
ResultSet rs = statement.executeQuery(sql 语句);
```

- 返回值 rs 是 ResultSet 类的对象,是用来存放查询结果(可能是多条记录)的集合对象。我们将在下一节对 ResultSet 类的使用进行详细的讲解。
- sql 语句:字符串形式的查询 sql 语句。

②数据库增加、删除、更新操作:调用 statement 对象的 executeUpdate 方法,格式为:

```
statement.executeUpdate(sql 语句);
```

- 返回值为整型,表示 sql 语句执行影响到的记录条数,若小于等于零表示执行失败。
- sql 语句:进行增加、删除、更新操作的 sql 语句。

(6)关闭数据库连接

调用 connection.close();关闭数据库连接。

4.1.4 数据库查询返回值 ResultSet 类对象的使用

结果集(ResultSet)是数据中查询结果返回的一种对象,可以说结果集是一个存储查询结果的对象,但是结果集并不仅仅具有存储的功能,它同时还具有操纵数据的功能,可能完成对数据的更新等。

在上一节中我们讲述了进行数据库查询操作使用的 executeQuery 方法,它执行后返回的就是一个结果集(ResultSet)的对象。

```
ResultSet rs = statement.executeQuery(sql 语句);
```

例如:数据库中有表 userinfo,数据如图 4.3 所示。

userId	userName	sex	age	work	hobby
1	mary	0	18	teacher	sports
2	jack	1	19	worker	movie
3	lucy	0	20	doctor	music
4	lily	0	21	student	game
5	mike	1	22	lawyer	TV
6	harry	1	23	farmer	singing

图 4.3　数据库表 userinfo

执行代码：

`ResultSet rs=statement.executeQuery("select * from userinfo where sex=0");`

也就是要找出性别 sex 为 0 的记录，那么根据 SQL 语句应该得到 3 条记录，结果如图 4.4 所示。

1	mary	0	18	teacher	sports
3	lucy	0	20	doctor	music
4	lily	0	21	student	game

图 4.4　查询结果

ResultSet 对象具有指向其当前数据行的指针。最初，指针被置于第一行之前，也就是说没有指向任何记录，如图 4.5 所示。

图 4.5　ResultSet 指针最初状态

next( )方法将指针移动到下一行；第一次使用 next( )方法将会使数据库指针定位到记录集的第一行，第二次使用 next( )方法将会使数据库指针定位到记录集的第二行，以此类推。如果下一行有数据，则 next( )方法返回 true，反之则 next( )方法返回 false。执行如下代码，则 ResultSet 指针将指向第一条记录，并且 flag 的值为 true，如图 4.6 所示。

`ResultSet rs=statement.executeQuery("select * from userinfo where sex=0");`
`Boolean flag=rs.next();`

图 4.6　执行一次 next( )方法后指针的状态

当指针指向某一条记录了以后，我们应如何读取该记录中的数据呢？读取数据的方法主要是 getXXX( )（如:getBoolean、getLong 等）；它的参数可以是整型表示第几列（是从 1 开始的），还可以是列名；返回的是对应的 XXX 类型的值。如果对应那列是空值，XXX 是对象的话返回 XXX 型的空值。如果 XXX 是数字类型(如 Float 等),则返回 0,如是 Boolean 则返回 false。

使用 getString( )可以返回所有列的值,不过返回的都是字符串类型的。XXX 可以代表的类型有:基本的数据类型如整型(int)、布尔型(Boolean)、浮点型(Float,Double 等)、比特型(byte);还包括一些特殊的类型,如:日期类型(java.sql.Date)、时间类型(java.sql.Time)、时间戳类型(java.sql.Timestamp)、大数型(BigDecimal 和 BigInteger)等。所有的 getXXX 方法都是对当前行进行操作。

[例 4-1]

```
ResultSet rs=statement.executeQuery("select * from userinfo where sex=0");

//取第一条记录里的数据
Boolean flag1=rs.next();
String s1_1 = rs.getString(1);
int i1_1 = rs.getInt(1);
String s1_2 = rs.getString(2);
String s1_3 = rs.getString(3);
String s1_4 = rs.getString(4);
String s1_5 = rs.getString(5);
String s1_6 = rs.getString(6);

//取第二条记录里的数据
Boolean flag2=rs.next();
String s2_1 = rs.getString(1);
String s2_2 = rs.getString(2);
String s2_3 = rs.getString(3);
String s2_4 = rs.getString(4);
String s2_5 = rs.getString(5);
String s2_6 = rs.getString(6);

//第三条记录
Boolean flag3=rs.next();

//第四条记录
Boolean flag4=rs.next();

//输出第一条记录
System.out.println("flag1:" + flag1);
System.out.println("s1_1:" + s1_1);
System.out.println("i1_1:" + i1_1);
System.out.println("s1_2:" + s1_2);
System.out.println("s1_3:" + s1_3);
```

```
System.out.println("s1_4:" + s1_4);
System.out.println("s1_5:" + s1_5);
System.out.println("s1_6:" + s1_6);

//输出第二条记录
System.out.println("flag2:" + flag2);
System.out.println("s2_1:" + s2_1);
System.out.println("s2_2:" + s2_2);
System.out.println("s2_3:" + s2_3);
System.out.println("s2_4:" + s2_4);
System.out.println("s2_5:" + s2_5);
System.out.println("s2_6:" + s2_6);

//输出第三条记录
System.out.println("flag3:" + flag3);

//输出第四条记录
System.out.println("flag4:" + flag4);
```

则我们可以得到以下输出:

```
flag1:true
s1_1:1
i1_1:1
s1_2:mary
s1_3:0
s1_4:18
s1_5:teacher
s1_6:sports
flag2:true
s2_1:3
s2_2:lucy
s2_3:0
s2_4:20
s2_5:doctor
s2_6:music
flag3:true
flag4:false
```

注意:
- 其中 s1_1 是字符串 String 型的,i1_1 则是整数 Int 型的。
- 由于结果集只有 3 条记录,所以执行第 4 次 next( ) 方法时返回的是 false。

- rs.getString(1)等同于 rs.getString("userId");
  rs.getString(2)等同于 rs.getString("userName");以此类推。

由上面的例子,我们便知道可以使用 next()方法遍历结果集里的数据。

[例 4-2]

```
ResultSet rs=statement.executeQuery("select * from userinfo where sex=0");
String s="";
while(rs.next()){
    s = rs.getString(2);
    System.out.println(s);
}
```

程序运行得到结果:

```
mary
lucy
lily
```

[例 4-3]

```
ResultSet rs = statement.executeQuery("select userName,work from userinfo where sex=0");
String s="";
while(rs.next()){
    s = rs.getString(2);
    System.out.println(s);
}
```

程序运行得到结果:

```
teacher
doctor
student
```

注意:

rs.getString(2)取的是我们结果集的第二列的值,而不是数据库表的第二个字段的值。

我们执行:

```
ResultSet rs = statement.executeQuery("select userName,work from userinfo where sex=0");
```

得到结果集如图 4.7 所示。

mary	teacher
lucy	doctor
lily	student

图 4.7 结果集

next()方法和 getString()方法是 ResultSet 对象最常用的方法。除此之外 ResultSet 对象还有以下常用方法:

- public boolean first(); 该方法的作用是将指针定位到数据库记录集的第一行。

- public boolean last( ); 该方法的作用刚好和 first( ) 方法相反,是将指针定位到数据库记录集的最后一行。

- public boolean isFirst( ); 该方法的作用是检查指针是否指向记录集的第一行,如果是返回 true,否则返回 false。

- public boolean isLast( ); 该方法的作用是检查指针是否指向记录集的最后一行,如果是返回 true,否则返回 false。

作为参考,该数据库实例的完整代码如下:

```java
protected void doPost(HttpServletRequest request, HttpServletResponse
 response) throws ServletException, IOException {
     try {
         Class.forName("com.mysql.jdbc.Driver");
         String url = "jdbc:mysql://127.0.0.1/testdb";
         String username = "root";
         String password = "root";
         Connection conn =DriverManager.getConnection(url,username,password);
         Statement statement = conn.createStatement();
         ResultSet rs =statement.executeQuery("select * from userinfo where sex=0");
         String s ="";
         while(rs.next()){
             s = rs.getString(2);
             System.out.println(s);
         }
     } catch (ClassNotFoundException e) {
         e.printStackTrace();
     } catch (SQLException e) {
         e.printStackTrace();
     }
 }
```

4.2 数据库处理工具类的引进

在本节将学习:
- 引入数据库处理工具类的原因;
- 数据库工具类的构建方法。

4.2.1 引进数据库处理工具类的原因

如今使用的应用程序,包括本书所要完成的新闻发布系统,越来越多的地方都要和数据库打交道,与数据库进行诸如数据库连接、数据库增删查改等操作。同一个应用程序的不同模块很有可能会进行相同的数据库操作,而这些操作,在 JDBC 编程中是非常相近的,只是有少许的不同。在进行数据库编程的次数多了就会发现,不同模块各自的数据库操作的代码有大部分相同的地方,很多代码可以从其他地方拷贝过来稍做修改就可以用;因为代码并不是完全一样,还需要进行简单的修改,但是有时候会忘记修改或者修改不到位而引起一些程序上的 bug。于是就要考虑,有没有更简单的办法,不用拷贝也不需要怎么修改代码来达到数据库编程代码重用的目的?

工具一词是指可以重复使用并完成特定功能的东西,而且一旦工具形成,在每次使用的时候,无论是谁在什么时候使用,只要是完成工具既定的功能,就无须改动。那么,引入用于数据库处理工具类,就是把专门进行数据库处理的代码放到一个类里边,将它当作一个工具来使用,从而达到数据库编程代码重用的目的。

4.2.2 数据库处理工具类的构建

构建一个工具类,要考虑两件事情。

首先,要考虑工具类作为工具,它应该完成怎样的功能。对于数据库处理,总结起来应该有数据库连接、增加、删除、查询、修改和数据库关闭这几个功能。在类中,功能就是方法,因此要定义上述几个方法。

其次,要考虑如何实现代码重用。我们逐一分析工具类中各个功能的代码(看看哪些是会变动的,哪些是不变的,变动的地方设置为方法的参数):

• 数据库连接功能:只要数据库名、数据库用户名、密码和数据库地址确定以后,数据库连接是无须改动的;

• 增加、修改、查询、删除功能:各自 SQL 语句是变动的,需要设置 SQL 语句为方法参数,其他不变;

• 数据库关闭功能:代码固定不变。

根据上述分析结果,我们构建的数据库工具类 DbUtil.java 如下所示。

主要的成员方法有 4 个,分别是得到数据库连接、通用查询、通用增删改、关闭资源。

第一个方法是得到数据库连接,具体代码如下:

```
/**
 * 1.得到数据库链接
 * @return
 */
public static Connection getConnection() {
    Connection con = null;
    try {
        //获取db.properties文件中的数据库连接信息
```

```java
            InputStream is = DbUtil.class.getClassLoader().getResourceAsStream("db.properties");
            //构造 Properties 对象并加载连接信息流
            Properties p = new Properties();
            p.load(is);
            //加载数据库驱动
            Class.forName(p.getProperty("drivername"));
            //指定连接字符串和用户名,密码得到数据库连接
            con =DriverManager.getConnection(p.getProperty("url")
,p.getProperty("username"),p.getProperty("password"));
        } catch (ClassNotFoundException e) {
            e.printStackTrace();
        } catch (SQLException e) {
            e.printStackTrace();
        } catch (IOException e) {
            e.printStackTrace();
        }
        return con;
    }
```

该方法通过加载 db.properties 文件获取相关数据库连接,而非采用上一节的写死连接信息的方式,这样可以做到随时动态改变数据库信息,其中 db.properties 文件如图 4.8 所示。

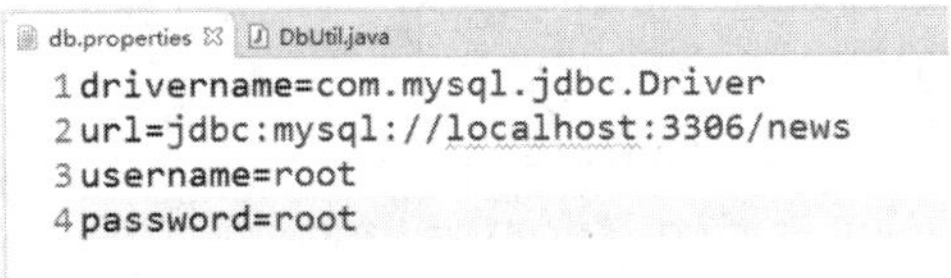

```
1 drivername=com.mysql.jdbc.Driver
2 url=jdbc:mysql://localhost:3306/news
3 username=root
4 password=root
```

图 4.8 结果集

第二个重要的方法是关闭相关数据库资源的方法,具体代码如下:

```java
//2.关闭数据库资源
    public static void closeResource(ResultSet rs,Statement st,Connection con) {
        try {
            if(rs! =null) {
                //结果集不为空,关闭结果集
                rs.close();
            }
            if(st! =null) {
                //语句块不为空,关闭语句块
                st.close();
            }
            if(con! =null) {
                //连接不为空,关闭连接
```

```
            con.close();
        }
    } catch (SQLException e) {
        e.printStackTrace();
    }
}
```

第三个重要的方法是数据库的通用查询方法,在讲解通用方法之前,这里我们介绍一下 PreparedStatement,该类的使用与之前一节的 Statement 完全不同,我们使用了 PreparedStatement 作为执行查询的语句块,该语句块相比 Statement 更为优秀和简洁。我们不需要像在使用 Statement 传入 SQL 语句的时候再做参数的拼接,而可以直接将参数用?号替换,再使用 PreparedStatement 对象的时候在调用相应的 setXXX 方法指定?号对应的值。介绍完 PreparedStatement,我们正式进入通用查询方法,我们提供了两种通用查询的方法,一种我们称之为普通版,一种为高级版,具体代码如下:

```
/**
 * 3.通用查询(普通版)
 * @param sql 形如:select * from user where uname =? and pass =?
 * @param o 对象数组,用于接收传入对应?的替换参数
 * @return 返回结果为包裹查询结果的 List<Map>结果的集合
 */
public static List<Map<String,String>> genericQuery(String sql,Object[] o){
    //得到数据库连接
    Connection con = getConnection();
    List<Map<String,String>> list = null;
    PreparedStatement ps = null;
    try {
        //通过 sql 构造 prepareStatement 对象
        ps = con.prepareStatement(sql);
        if(o! =null) {
            //循环替换问号
            for(int i =1;i<=o.length;i++) {
                ps.setObject(i, o[i-1]);
            }
        }
        //执行查询
        ResultSet rs =ps.executeQuery();
        //根据结果集对象得到结果集元数据对象
        ResultSetMetaData rsmd = rs.getMetaData();
        list = new ArrayList<Map<String,String>>();
        while(rs.next()) {
            //构造 hashmap,一个 map 对应一行记录
```

```java
            Map<String,String> m = new HashMap<String,String>();
            //填充map,key 值为列名,value 为列值
            for(int i=1;i<=rsmd.getColumnCount();i++){
                m.put(rsmd.getColumnName(i), rs.getString(i));
            }
            //每完成一行加入list 中
            list.add(m);
        }
        //关闭资源
        closeResource(rs, ps, con);
    } catch (SQLException e) {
        e.printStackTrace();
    }
    return list;
}


/**
 * 4.通用查询(高级版)
 * @param sql 形如:select * from user where uname =? and pass=?
 * @param o 对象数组,用于接收传入对应? 的替换参数
 * @param c 泛型 T 所对应类型的 class 类型对象
 * @return 返回结果为包裹查询结果的 List<T>结果的集合
 */
public static <T> List<T> genericQuery(String sql,Object[] o,Class<T> c){
    //得到数据库连接
    Connection con = getConnection();
    List<T> list = null;
    PreparedStatement ps= null;
    try {
        //通过sql 构造 prepareStatement 对象
        ps = con.prepareStatement(sql);
        if(o!=null) {
            //循环替换问号
            for(int i=1;i<=o.length;i++) {
                ps.setObject(i, o[i-1]);
            }
        }
        //执行查询
        ResultSet rs=ps.executeQuery();
        //根据结果集对象得到结果集元数据对象
        ResultSetMetaData rsmd = rs.getMetaData();
        list = new ArrayList<T>();
```

```java
            while(rs.next()){
                //利用Class对象构造泛型对象
                T t = c.newInstance();
                //通过结果集元数据对象得到列数,循环遍历之
                for(int i=1;i<=rsmd.getColumnCount();i++){
                    //通过结果集元数据对象得到列名
                    String columnName = rsmd.getColumnName(i);
                    //通过Class对象得到声明的set方法对象
                    Method m = c.getDeclaredMethod("set"+columnName.
replaceFirst(columnName.subString(0,1), columnName.
subString(0,1).toUpperCase()), c.getDeclaredField(column-
Name).getType());
                    //动态调用set方法对象赋值
                    m.invoke(t, rs.getObject(i));
                }
                //将泛型对象放入集合
                list.add(t);
            }
            //关闭资源
            closeResource(rs, ps, con);
        } catch (SQLException e) {
            e.printStackTrace();
        } catch (NoSuchMethodException e) {
            e.printStackTrace();
        } catch (SecurityException e) {
            e.printStackTrace();
        } catch (NoSuchFieldException e) {
            e.printStackTrace();
        } catch (IllegalAccessException e) {
            e.printStackTrace();
        } catch (IllegalArgumentException e) {
            e.printStackTrace();
        } catch (InvocationTargetException e) {
            e.printStackTrace();
        } catch (InstantiationException e) {
            e.printStackTrace();
        }
        return list;
    }
```

这里用到的查询方法,都对上一节的原始查询进行了封装,提供了两种封装的方式,后一种采用泛型比前一种封装更到位,这样在返回集合对象时,无须再做强制类型转换。

第四个重要的方法是数据库的通用增删改方法,具体代码如下:

```java
/**
 * 5.通用增删改 DML 操作
 * @param sql 形如:update user set uname =?
 * @param o 对象数组,用于接收传入对应? 的替换参数
 * @return 返回值为 DML 操作的受影响行数
 */
public static int genericDML(String sql,Object[] o) {
    //得到数据库连接
    Connection con = getConnection();
    PreparedStatement ps = null;
    int result = 0;
    try {
        //通过 sql 构造 prepareStatement 对象
        ps = con.prepareStatement(sql);
        //循环替换问号
        if(o! =null) {
            for(int i=1;i<=o.length;i++) {
                ps.setObject(i, o[i-1]);
            }
        }
        //执行增删改操作
        result = ps.executeUpdate();
        //关闭资源
        closeResource(null, ps, con);
    } catch (SQLException e) {
        e.printStackTrace();
    }
    //返回受影响的行数
    return result;
}
```

4.3 JDBC 编程实例

在本节将学习:
- 利用 JSP 与数据库工具类实现简单的注册功能。

这一节我们使用前面学到的 JDBC 数据库编程来实现一个简单的用户注册功能。在画面上输入一些用户信息,如登录名、密码等,然后单击【登录】按钮,用户输入的信息就会生成一条记录插入到数据库的用户注册表 userinfo 中。

1. 创建任务所需的数据库表结构

使用 MySqlFront 创建名为 testdb 的数据库,然后在 testdb 中创建注册用户表 userinfo,表结构如图 4.9 所示。

序号	字段名	字段说明	字段类型	长度	是否为空	主键	备注
1	username	用户名	varchar	10	否	主键	用户登录id
2	password	密码	varchar	18	否		
3	sex	性别	varchar	2	否		取值:0男,1女
4	note	说明	varchar	255	是		

图 4.9 注册用户表 userinfo

(1)创建数据库处理工具类

创建名为 DbHandle 的工具类,如上一节所讲的。

(2)创建工程,创建注册 JSP 页面 register.jsp

页面上有 4 个供用户输入的控件,输入注册信息,代码如下:

```jsp
<%@ page language="java" contentType="text/html; charset=UTF-8"
    pageEncoding="UTF-8"%>
<html>
<head>
<title>Insert title here</title>
</head>
<body>
    <FORM action="result.jsp" method="post">
      <TABLE>
        <tr>
          <td>用户名:</td>
          <td><INPUT type="text" name="username"></td>
        </tr>
        <tr>
          <td>密    码:</td>
          <td><INPUT type="password" name="password"></td>
        </tr>
        <tr>
          <td>性    别:</td>
          <td><INPUT type="radio" name="sex" value="男" checked>男
            <INPUT type="radio" name="sex" value="女">女</td>
        </tr>
        <tr>
          <td>说    明:</td>
          <td><TEXTAREA name="note" rows=3 cols=30></TEXTAREA></td>
        </tr>
        <tr>
          <td><INPUT TYPE="submit" value="提交" name="submit"></td>
```

```
        <td><INPUT TYPE="reset" value="重置" name="reset"></td>
      </tr>
    </TABLE>
  </FORM>
</body>
```

运行画面得到效果如图4.10所示。

图4.10 注册页面 register.jsp

2.利用数据库工具类实现注册信息入库

register.jsp 页面将信息提交到注册结果页面 result.jsp，该页面从 JSP 内置对象 request 中取得注册画面用户的输入值后，拼接成 SQL 语句和参数数组，使用数据库工具类 DbHandle 将注册信息存入数据库。代码如下：

```jsp
<%@ page language="java" contentType="text/html; charset=UTF-8"
    pageEncoding="UTF-8" import="util.DbUtil"%>
<html>
<head>

<title>Insert title here</title>
</head>
<body>
<%
request.setCharacterEncoding("UTF-8");
String username=request.getParameter("username");
String password=request.getParameter("password");
String sex=request.getParameter("sex");
String note=request.getParameter("note");
DbHandle dbh=new DbHandle();
```

```
    String sql="insert into userinfo values(?,?,?,?)";

    if(dbu.genericDML(sql,new Object[]{username,password,sex,note})>0){
%>
    注册成功
    <%}else{%>
    注册失败
    <%}%>
</body>
```

注册画面 register.jsp 提交后,得到效果如图 4.11 所示。

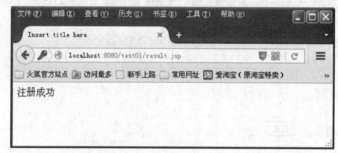

图 4.11　注册结果 result.jsp

查看数据库,可看到添加数据已成功,如图 4.12 所示。

图 4.12　数据库添加记录

注意:MySQL 的 JDBC 驱动程序有 1 个文件(mysql-connector-java-5.1.7-bin.jar),需要将它拷贝到 WebRoot\Web-INF\lib 目录中。在本书最后的学习参考资料中列出了 MySQL 的 JDBC 驱动程序的官方下载网址,需要下载的读者可以去该网站下载。

4.4 巩固与提高

1.填空题

有表 4.1 所示的表 dept,完成以下 SQL 语句。

表 4.1 dept 表

序号	字段名	字段说明	字段类型	长度	是否为空	主键	备注
1	empno	雇员编号	int	4	否	主键	
2	ename	雇员名	varchar	10	否		
3	job	工作	varchar	9			
4	mgr	上级	int	4			
5	hiredate	雇佣日	date				
6	sal	工资	int	7			
7	comm	佣金	int	7			
8	deptno	部门	int	2			

(1)选择部门(deptno)30 中的雇员。

(2)列出所有销售员(salesman)的姓名、编号和部门。

(3)找出佣金(comm)高于工资(sal)的雇员。

(4)找出佣金高于工资 60%的雇员。

(5)找出公司里所有的工作(job)。

(6)找出工作(job)是销售员(salesman)并且工资(sal)高于 1 300 的雇员。

(7)找出工作是销售员(salesman)或者工资(sal)高于 1 300 的雇员。

(8)找出名字以 S 开头的雇员的信息。

(9)找出名字以 S 结尾的雇员的信息。

(10)找出名字里带有 S 的雇员的信息。

(11)找出所有销售员(salesman)的详细信息,以工资(sal)升序排序。

(12)找出所有销售员(salesman)的详细信息,名字降序、工资升序排序。

(13)找出所有部门是 30 的销售员(salesman)的平均工资。

(14)找出部门是 30 的销售员(salesman)的人数。

(15)找出部门是 30 的销售员的最高工资(sal)。

(16)找出部门是 30 的销售员的最低工资。

(17)找出部门是 30 的销售员的总工资。

(18)拼接字符串姓名(ename)和部门(deptno)。

(19)去掉工作(job)字段的左空格。

(20)去掉工作(job)字段的两边空格。

(21)取出工作字段的从第 2 位起的 4 个字符。

(22)找出所有部门的平均工资。

(23)找出平均工资大于 1 500 的部门的编号和平均工资。

(24)写出 java 中 JDBC 装载 MY SQL 驱动的语句_____。

(25)写出 java 中 JDBC 装载 MS SQLServer 驱动的语句_____。

(26)JDBC 中数据库连接对象是_____。

2.操作题

实现登录功能(使用数据库工具类实现)。创建登录页面 login.jsp(图 4.13),用户进行登录,跳转到结果画面 result.jsp,显示成功或者不成功。

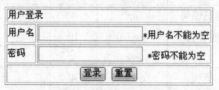

图 4.13　用户登录页面 login.jsp

第五章 MVC 思想及其应用

MVC 全称是 Model View Controller,是模型(Model)—视图(View)—控制器(Controller)的缩写,是一种软件设计典范,用一种业务逻辑、数据、界面显示分离的方法组织代码,将业务逻辑聚集到一个部件里面,在改进和个性化定制界面及用户交互的同时,不需要重新编写业务逻辑。

5.1 MVC 思想

在本节将学习:
- MVC 设计模式的具体内容;
- MVC 设计模式的优点;
- MVC 设计模式的具体实现模型。

5.1.1 深入理解 MVC

MVC 实际上是一种设计模式,它最早由 Trygve Reenskaug 在 1978 年提出,是施乐帕罗奥多研究中心(Xerox PARC)在 20 世纪 80 年代为程序语言 Smalltalk 发明的一种软件设计模式。MVC 模式的目的是实现一种动态的程序设计,简化后续对程序地修改和扩展,并且使程序某一部分的重复利用成为可能。除此之外,此模式通过对复杂度的简化,使程序结构更加直观。软件系统通过对自身基本部分分离的同时也赋予了各个基本部分应有的功能。

1. MVC 设计模式

设计模式(Design pattern)是一套被反复使用、多数人知晓的、经过分类的代码设计经验总结。使用设计模式是为了可重用代码、让代码更容易被他人理解、保证代码的可靠性。毫无疑问,设计模式于己于他人于系统都是多赢的;设计模式使代码编制真正工程化。设计模式是软件工程的基石脉络,如同大厦的结构一样。

MVC 设计模式的理解:
- M 是 Model 的简写,意思是模型。程序员编写程序应有的功能(实现算法等)、数据库担当者进行数据管理和数据库设计(可以实现具体的功能)。
- V 是 View 的简写,意思是视图。界面设计人员进行图形界面设计。
- C 是 Controller 的简写,意思是控制器。负责转发请求,对请求进行处理。

MVC 就是 Model View Controller 的简称,即模型—视图—控制器。

2. MVC 的核心思想

MVC 的核心思想是将一个应用程序的数据业务处理功能(模型)、用户界面功能(视图)和控制功能(控制层)在 3 个不同的部分(也叫层)上分别实现。MVC 的核心就是分层,分层使得每一层任务明确。

3. MVC 的优缺点

(1) 优点

• 耦合性低

视图层和业务层分离,这样就允许更改视图层代码而不用重新编译模型和控制器代码。同样,一个应用的业务流程或者业务规则的改变只需要改动 MVC 的模型层即可。因为模型与控制器和视图相分离,所以很容易改变应用程序的数据层和业务规则。

模型是自包含的,并且与控制器和视图相分离,所以很容易改变应用程序的数据层和业务规则。如果把数据库从 MySQL 移植到 Oracle,或者改变基于 RDBMS 数据源到 LDAP,只需改变模型即可。一旦正确地实现了模型,不管数据来自数据库或是 LDAP 服务器,视图将会正确地显示它们。由于运用 MVC 的应用程序的 3 个部件是相互独立,改变其中一个不会影响其他两个,所以依据这种设计思想能构造良好的松耦合的构件。

• 重用性高

随着技术的不断进步,需要用越来越多的方式来访问应用程序。MVC 模式允许使用各种不同样式的视图来访问同一个服务器端的代码,因为多个视图能共享一个模型,它包括任何 Web(HTTP)浏览器或者无线浏览器(Wap),例如,用户可以通过计算机也可通过手机来订购某样产品,虽然订购的方式不一样,但处理订购产品的方式是一样的。由于模型返回的数据没有进行格式化,所以同样的构件能被不同的界面使用。很多数据可能用 HTML 来表示,但是也有可能用 Wap 来表示,而这些表示所需要的命令是改变视图层的实现方式,而控制层和模型层无须做任何改变。由于已经将数据和业务规则从表示层分开,所以可以最大化地重用代码了。模型也有状态管理和数据持久性处理的功能,如基于会话的购物车和电子商务过程也能被 Flash 网站或者无线联网的应用程序所重用。

• 生命周期成本低

MVC 使开发和维护用户接口的技术含量降低。

• 部署快

使用 MVC 模式使开发时间得到相当大的缩减,它使程序员(Java 开发人员)集中精力于业务逻辑,界面程序员(HTML 和 JSP 开发人员)集中精力于表现形式上。

• 可维护性高

分离视图层和业务逻辑层也使得 Web 应用更易于维护和修改。

• 有利于软件工程化管理

由于不同的层各司其职,每一层不同的应用具有某些相同的特征,有利于通过工程化、工具化管理程序代码。控制器也提供了一个好处,就是可以使用控制器来连接不同的模型和视图去完成用户的需求,这样控制器可以为构造应用程序提供强有力的手段。给定一些可重用的模型和视图,控制器可以根据用户的需求选择模型进行处理,然后选择视图将处理结果显示给用户。

(2)缺点

- 没有明确的定义

完全理解 MVC 并不是很容易。使用 MVC 需要精心的计划,由于它的内部原理比较复杂,所以需要花费一些时间去思考。同时由于模型和视图要严格地分离,这样也给调试应用程序带来了一定的困难。每个构件在使用之前都需要经过彻底的测试。

- 不适合小型和中等规模的应用程序

花费大量时间将 MVC 应用到规模并不是很大的应用程序通常会得不偿失。

- 增加系统结构和实现的复杂性

对于简单的界面,严格遵循 MVC,使模型、视图与控制器分离,会增加结构的复杂性,并可能产生过多的更新操作,降低运行效率。

- 视图与控制器间的过于紧密的连接

视图与控制器是相互分离,但却是联系紧密的部件,视图没有控制器的存在,其应用是很有限的,反之亦然,这样就妨碍了它们的独立重用。

- 视图对模型数据的低效率访问

依据模型操作接口的不同,视图可能需要多次调用才能获得足够的显示数据。对未变化数据的不必要的频繁访问,也将损害操作性能。

- 一般高级的界面工具或构造器不支持模式

改造这些工具以适应 MVC 需要和建立分离部件的代价是很高的,会造成 MVC 使用的困难。

4. MVC 的 3 个部分详解

视图(View):应用程序的表示层,代表用户交互界面。在 Web 应用中,交互界面可能是 HTML 界面,也有可能是 XML 界面、Applet 界面或其他界面。视图可以理解为用户界面和前台。

模型(Model):应用程序的业务处理层,负责所有业务流程的处理和业务规则的制定。模型就是业务逻辑和业务数据。

控制器(Controller):接受用户输入并调用模型和视图去完成用户的需求。当用户在 Web 页面中提交 HTML 表单时,控制器接收请求并调用相应的模型组件去处理请求,之后调用相应的视图来显示模型返回的数据。

5. MVC 的 3 个部分之间的功能协作过程

在一次程序运行的过程中,首先是视图的程序和用户打交道,它接收了来自用户的数据和请求,并将它发往控制器。控制器接收到了用户的请求,对请求进行判断,并选择合适的业务处理模型来完成用户的请求。当请求处理完成后,模型通知控制器,并选择合适的视图来向用户呈现处理结果。整个过程如图 5.1 所示。

5.1.2　MVC 的具体实现

在 Java Web 领域存在着两种经典模型,也可以称为实现模式,分别是 Model1 和 Model2。

这两种模型都可被看成是 MVC 的具体实现形式。随着技术的发展,这两种经典模型已经使用得较少,目前常用的是四层架构模型。

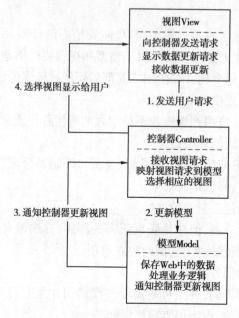

图 5.1　视图—模型—控制器协作过程

1. 模型 1:JSP+JavaBean

如图 5.2 所示,在模型 1 中,JSP 充当着控制器与视图的双重角色,JavaBean 扮演了模型的角色。JSP 直接调用后台模型进行业务处理,同时,再由 JSP 返回用户结果界面。Model 1 比较适合一些较小的项目,但是,对于现在的情况来说,Model 1 已经被弃用了。

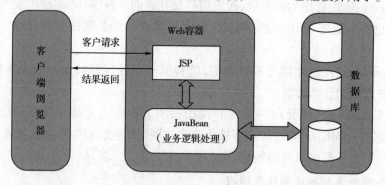

图 5.2　MVC 典型模型 1

2. 模型 2:JSP+Servlet+JavaBean

如图 5.3 所示,在模型 2 中,JSP 既作为视图又作为控制器的局面不再存在,而是使用了 Servlet 作为控制器,JSP 则单纯地只负责显示逻辑(可能包括很少量的 Java 代码)。当用户通过浏览器向服务器发送请求时,接收请求的组件从原先的 JSP 换成了 Servlet。Servlet 通过自身的逻辑判断调用相应的 JavaBean 处理用户请求,JavaBean 则负责业务逻辑的处理和数据持久化等工作。待到处理完成,JavaBean 将结果返回给 Servlet,再由 Servlet 跳转到 JSP

页面返回给客户浏览器,完成一次操作。

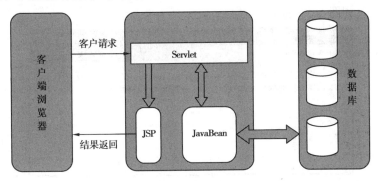

图 5.3　MVC 典型模型 2

随着需求的不断增加,三层架构模型也已经难以担当大任,因此在实际应用中,模型 2 已经很少使用,我们通常会采用四层架构模型。

3.四层架构模型:JSP+Servlet+DTO+Service+Dao

如图 5.4 所示,在四层架构模型中,使用了 Servlet 作为控制器,JSP 则单纯地只负责 View 显示,Service 作为业务逻辑层,Dao 作为数据持久层,Domain 作为领域模型为各个层服务。当用户通过浏览器向服务器发送请求时,Servlet 作为控制器。Servlet 通过自身的逻辑判断调用相应的 Service 处理用户请求,负责业务逻辑的处理,Dao 则和数据持久化等工作。待到处理完成,Service 将结果返回给 Servlet,再由 Servlet 跳转到 JSP 页面返回给客户浏览器,完成一次操作。

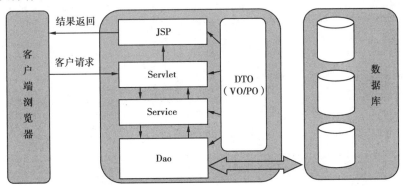

图 5.4　MVC 四层结构

5.2　应用 MVC 思想实现用户登录

在本节将学习:

- 利用 MVC 四层架构模型,即 JSP+Servlet+Domain+Service+Dao 模式实现用户登录。

5.2.1　用户登录功能的 View 视图的实现

MVC 中的视图使用 JSP 来实现视图,即用户界面。对于用户登录功能来说,我们需要的主要画面 login.jsp 非常简单,只需要"用户名""密码"两个输入框,再有"提交"和"重置"两个按钮就足够了,如图 5.5 所示。

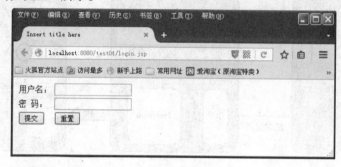

图 5.5 登录主画面

login.jsp 的代码如下,其中要注意:
- 表单的提交地址为"lgServlet",这在之后的 Servlet 的配置中需要用到。
- 提交的方式是"post"方式,这决定了调用 Servlet 的是哪个方法。
- 两个文本框控件的 name 属性为"username""password",这在业务逻辑处理时需要使用到。

```
<%@ page language="java" contentType="text/html; charset=UTF-8"
    pageEncoding="UTF-8"%>
<html>
<head>

<title>Insert title here</title>
</head>
<body>
    <FORM action="lgServlet" method="post" >
        <TABLE>
            <tr>
                <td>用户名:</td>
                <td><INPUT type="text" name="username" ></td>
            </tr>
            <tr>
                <td>密   码:</td>
                <td><INPUT type="password" name="password" ></td>
            </tr>
            <tr>
                <td><INPUT TYPE="submit" value="提交" name="submit"></td>
                <td><INPUT TYPE="reset"  value="重置" name="reset"></td>
            </tr>
        </TABLE>
    </FORM>
</body>
```

还需要两个简单的登录成功"result_succ.jsp"画面和登录失败"result_err.jsp"画面,如图 5.6 和图 5.7 所示。这两个画面都非常简单,代码省略。

图 5.6　登录成功画面

图 5.7　登录失败画面

5.2.2　用户登录功能的 Dao 数据持久层的实现

创建用户 Dao 实现数据库访问,传递 SQL 和相关参数,并用上一章学到的数据库工具类 DbUtil.java,对数据库进行查询。查询返回一个 Usert 类的对象。完整的 UserDao.java 代码如下:

```
public class UserDao {
    public User queryUserInfo(String username,String password){
        String sql = "select * from userinfo where username=? and password=?";
        User user = DbUtil.genericQuerySingle(sql, new Object[]{username,password}, User.class);
        return user;
    }
}
```

5.2.3　用户登录功能的 Service 业务逻辑的实现

现在来实现用户登录的业务逻辑。用户登录功能是根据用户输入的用户名和密码,利用用户 Dao 进行查找,若找到 1 条以上记录,那么则登录成功;若没有找到任何记录,则登录失败。

我们首先建立逻辑处理类 LoginService.java,它的最主要的方法为逻辑处理的 queryUserInfo 方法,该方法的参数为用户名和密码,返回 Dao 层返回的 User 对象。

```java
public class LoginService {
    public User queryUserInfo(String username,String password){
        UserDao ud = new UserDao();
        return ud.queryUserInfo(username,password);
    }
}
```

5.2.4 用户登录功能的 Controller 控制器的实现

MVC 中的控制器使用 Servlet 来实现控制，即画面的跳转。我们先建立 Servlet 类 LoginServlet.java。在这个类中我们主要需要完成的是 doPost( ) 方法。再在该方法中调用业务逻辑处理类 LoginService 的 queryUserInfo 方法，根据这个方法的返回值，跳转到对应的 jsp 画面。完整的代码如下：

```java
public class LoginServlet extends HttpServlet {
    private static final long serialVersionUID = 1L;

    public LoginServlet() {
        super();
    }

    protected void doGet(HttpServletRequest request, HttpServletResponse response) throws ServletException, IOException {
        request.setCharacterEncoding("utf-8");
        String username = request.getParameter("username");
        String password = request.getParameter("password");

        LoginService ls = new LoginService();
        User user = ls.queryUserInfo(username,password);
        if(user! =null){
            response.sendRedirect("result_succ.jsp");
        }else{
            response.sendRedirect("result_err.jsp");
        }

    }

    protected void doPost(HttpServletRequest request, HttpServletResponse response) throws ServletException, IOException {
        doGet(request, response);
    }
}
```

5.2.5 用户登录功能的 DTO 数据传输对象的实现

在用户登录功能中，负责各个层数据传递的是 DTO，该 DTO 在不同的情况可以是 VO（值对象用于 view 层）或者是 PO（可持久化对象，用于 Dao 层）。因为针对用户登录功能，因此该对象只能是 User 类，代码如下：

```java
public class User {
    private String id;
    private String username;
    private String password;
    private String sex;
    private String note;

    public User() {
        super();
    }

    public User(String id, String username, String password, String sex, String note) {
        super();
        this.id = id;
        this.username = username;
        this.password = password;
        this.sex = sex;
        this.note = note;
    }

    //getter 和 setter 省略
}
```

5.2.6 配置、调试输出

完成了以上各个部分的代码实现后，我们还需要配置 Servlet。我们在 JSP 画面 login.jsp 中配置了画面的提交方式为"post"，提交到"loginServlet"。

```
<FORM action="loginServlet" method="post" >
```

那么提交后是怎么找到 LoginServlet.java 这个类，从而调用我们的代码实现业务逻辑的呢？这里就需要配置 web.xml 文件，将 loginServlet 映射到 LoginServlet.java 这个 Servlet 类上。这在前面得章节已经讲到过了，完整的代码如下：

```xml
<servlet>
    <servlet-name>LoginServlet</servlet-name>
    <servlet-class>controller.LoginServlet</servlet-class>
</servlet>
```

```xml
<servlet-mapping>
  <servlet-name>LoginServlet</servlet-name>
  <url-pattern>/loginServlet</url-pattern>
</servlet-mapping>
```

整个项目的目录结构如图 5.8 所示。

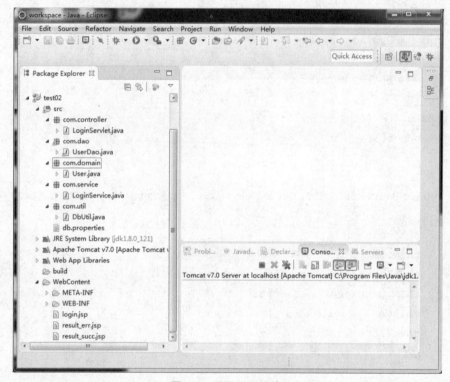

图 5.8　项目目录结构

数据库结构如图 5.9 所示。

发布工程,启动 Web 服务器；
在网页地址栏直接输入：
http://Web 服务器 ip 地址:端口号/应用程序名字/jsp 页面名
例如本例为：

```
http://localhost:8080/test01/login.jsp
```

运行效果如图 5.5 所示，然后输入用户名、密码，单击"提交"按钮，根据数据库数据，画面跳转到成功或者失败画面，如图 5.6、图 5.7 所示。

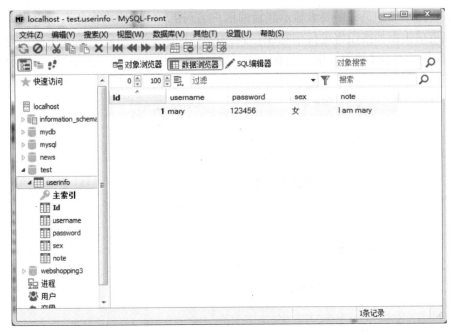

图 5.9　数据库结构

5.3　巩固与提高

1.选择题

(1)下列不是 MVC 的组成部分的是(　　)。

　　A.View　　　　　B.Controller　　　C.Vista　　　　D.Model

(2)下面不是 MVC 的优点的是(　　)。

　　A.耦合性低　　　B.易于维护　　　　C.重用性高　　　D.占用资源少

(3)下面不是 MVC 的缺点的是(　　)。

　　A.增加了系统结构的复杂性　　　　B.视图与控制器间过于紧密的连接

　　C.视图对模型数据的效率访问低　　D.不能满足用户的需求变化

2.填空题

(1)MVC 设计模式中 M、V、C 分别是_____、_____、_____的简写,意思分别是_____、_____、_____。

(2)在 Model1 中,_____充当着控制器与视图的双重角色,_____扮演了模型的角色。

(3)在 Model2 中,控制器是_____。

(4)JSP 内置对象有_____、_____、_____、_____、_____、_____、_____和_____。

3.操作题

实现登录功能和增加功能(应用 MVC 思想实现)。创建登录页面 login.jsp(图 5.10),用户进行登录,如果登录成功则跳转到图书增加页面 addbook.jsp,登录不成功则一直停留在登录页面。在图书增加页面中要求显示登录的用户名(图 5.11),用户在此页面中输入完相关图书信息后单击增加按钮将进行信息保存到数据库中的操作,然后根据操作成功与否在结果显示页面 result.jsp(该页面根据题意自行完成)中显示增加成功或增加失败的提示信息。

图 5.10　用户登录页面 login.jsp

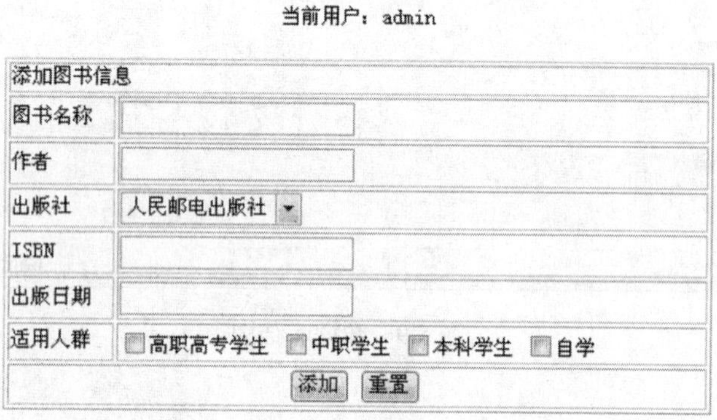

图 5.11　增加图书页面 addbook.jsp

第二部分 实战篇

第六章 项目的需求分析与设计
——新闻发布系统的需求分析与设计阶段

6.1 项目的需求分析

在本节将学习：
- 软件工程的基本开发流程；
- 项目的基本功能需求；
- 如何进行需求分析；
- 编写需求说明书。

工作描述：

通过了解新闻发布系统的基本功能需求，尝试划分系统的功能，分析每个功能的具体细节要求，最后尝试编写需求分析说明书。

6.1.1 项目工作流程介绍

做项目实际就是做一个软件工程，它主要包括以下几个部分：

软件工程的内容；

需求分析（用户的流程/功能确定）；

概要设计（界面设计/框架设计/数据库设计）；

详细设计（程序流程/伪代码的设计）；

编码（具体代码实现）；

测试（代码正确性与合理性的验证）；

发布（到客户使用地实施部署并提供培训）；

维护。

注意：上述内容是一个循环的过程。

6.1.2 项目的需求分析

1. 项目基本情况介绍

本系统类似一个留言板，提供一个新闻共享的交流平台，用户在本系统注册以后，可以发布自己所搜集的有意义的新闻到系统内，同时可以浏览别人的新闻，还可以修改、删除自己已经发布的新闻，达到新闻信息共享的目的。

另外设置一个管理员角色，管理员管理一般用户和新闻，对一些"内容不健康"的新闻进行适当修改或删除，并有权对一些"不安分"的用户进行删号处理。

2.项目的需求分析

(1)需求概述

这是一个新闻发布系统,它能让管理员及普通用户使用。普通用户能够实现注册、登录、查看新闻、发布新闻、编辑自己发布的新闻、修改自己的密码的功能。管理员能登录,查看、发布、编辑所有新闻、管理用户。

(2)用例分析

用例分析是干什么用的呢？要说明这个问题,先看看下面几个概念。

- 角色

角色(Actor)是与系统交互的人或事。所谓与"系统交互"指的是角色向系统发送消息,从系统中接收消息,或是在系统中交换信息。只要使用用例与系统互相交流的任何人或事都是角色。例如,某人使用系统中提供的用例,则该人就是角色;与系统进行通信(通过用例)的某种硬件设备也是角色。

- 用例

用例是对包括变量在内的一组动作序列的描述,系统执行这些动作,并产生传递特定参与者的价值的可观察结果。这是 UML 对用例的正式定义,对初学者可能有点难懂。可以这样去理解,用例是参与者想要系统做的某件事情。

根据用例和角色的概念,通过对新闻发布系统需求的了解,可以得到如图 6.1 所示的分析结果。

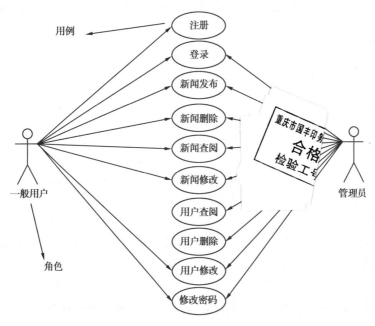

图 6.1 新闻发布系统的用例分析

图 6.1 中像人一样的图形就是角色,通过对新闻发布系统的需求分析可得出有一般用户和管理员两种角色;图中椭圆代表的是用例(可以分析出大约 9 个用例);中间的箭头将角色与用例连接起来,代表的是对应的角色可以使用的用例,有一个箭头就表示对应的角色可以使用用例,没有箭头的角色就不能使用用例。例如图中"一般用户"这个角色就没有"删

除用户"这个用例,因为它俩之间没有箭头连接。

(3)用例详细说明

光有用例分析是不够的,用例只是程序的功能界定,需求概述也仅仅对每个功能提出了名字,要想实现系统的功能还必须知道每个功能的详细内容,深入了解用户在完成系统的某个功能时需要做哪些事。下面就来看看图 6.1 中的用例详细说明。

- 注册

一般用户必须注册之后才能使用新闻发布系统的其他功能,注册的信息包括:用户 id(10 以内的英文或数字)、用户昵称(用户名)、用户登录密码(6~18 位字符)、用户确认密码(再次输入用户登录密码)、联系邮箱地址。已经注册过的用户 id 不能再次注册,用户两次输入的登录密码必须一致才能注册。

- 登录

输入登录用户 id、登录密码;【可选】要求连续输错三次密码将不能再登录。

登录之后可以退出登录。

- 修改密码

用户在修改密码时需要输入用户 id、老密码、新密码、新密码(再次输入)。当用户 id、老密码输入正确,且新密码两次输入一致时,密码修改才能成功。

- 新闻发布

管理员和已经注册的一般用户都可以发布新闻,发布内容包括新闻 id、新闻标题、纯文本的新闻正文、系统自动记录发布时间和发布者的用户 id、【可选】文件形式的新闻内容附件(包含图片等文件形式的内容)。

- 新闻修改

一般用户只能修改自己的新闻,管理员可以修改所有用户的新闻;可以修改的内容包括新闻标题、新闻正文、新闻正文附件。系统自动记录最后修改时间。

- 新闻删除

一般用户只能删除自己发布的新闻,管理员可以删除所有人的新闻。

- 新闻查阅

新闻查阅分成两个阶段完成。首先,根据新闻标题查询出满足条件的新闻列表;然后选中其中一条新闻单击后查看指定的一条新闻详情。

- 查阅用户

用户查阅分成两个阶段完成。首先,用户 id 或者用户的职业查询出满足条件的用户列表;然后选中其中一条用户,点击后查看指定的用户详情。

- 删除用户

只有管理员可以删除某个用户的注册信息,删除后该用户将不能再登录。

- 修改用户

管理员可以修改所有用户的所有注册信息;【可选】一般用户只能修改自己注册的用户信息(可修改的信息包括用户昵称、邮箱地址)。

6.1.3 任务具体实施

①了解新闻发布系统的基本情况,具体内容见 6.1.2 节。

②进行用例分析,建议用例图使用 RationalRose2003 或者 visio2007 来制作。

③根据用例图,可以初步得出一个功能结构图,如图 6.2 所示。

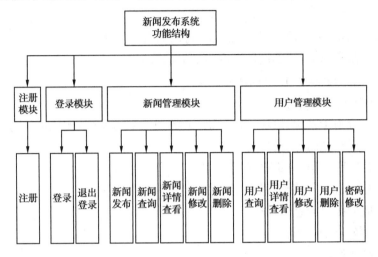

图 6.2 新闻发布系统功能结构图

④进行需求细化,具体内容见 6.1.2 节。

注意:本书中【可选】部分的需求描述没有实现代码,是留给读者自行巩固和提高的部分。

⑤形成需求文档。根据前面所述,按照 4 个要点:项目介绍、用例分析、功能界定、需求细化形成一个基本的需求说明书。

6.2 项目的设计

在本节将学习:
- 项目的概要设计和详细设计;
- 如何进行概要设计;
- 如何进行主界面设计;
- 如何进行数据库设计。

工作描述:

新闻发布系统项目设计包括:进行本项目的概要设计、主界面设计、数据库设计。

6.2.1 项目设计的概念

做一个软件项目就像做房地产项目一样,需要先对该项目进行设计。不同的是,房地产项目需要设计的是建筑房子的设计图,软件项目则是要设计与软件相关的多个内容。总的来说,软件项目设计可分为概要设计和详细设计两个阶段。

1. 概要设计

概要设计是对程序的总体设计。它关注的是程序的总体结构而不是细节实现,它把程序划分为不同的功能模块,并对模块间的交互提出了一些设想。概要设计的内容要点如下:

(1) 本项目的技术路线

采用的技术方法,如是采用 OO(面向对象)的方法,还是结构化的方法;是采用.net 还是 Java。

总体的技术结构,如采用几层体系结构,每层的责任是什么。

系统的网络结构,如系统的功能在网络上的部署分布。

核心技术难点的解决方案,如系统的核心算法。

(2) 系统的功能结构拆分

系统如何拆分为子系统、模块;各系统元素的功能如何实现;模块的拆分结构是什么样的,是否有如控制类、视图类、模型类等。

注意:一般是结合图形给出说明。

(3) 各系统的元素(子系统、模块、层次、类)之间的接口关系

各元素之间的接口的总体描述。

(4) 共享的数据结构设计

数据库表结构设计。

数据文件设计,数据未存储到数据库,而是存放到单个文件中的内容格式设计。

配置文件设计,程序运行参数所需的文件内容格式设计。

(5) 用户交互的风格设计

主要包含主界面和各个功能界面设计。

(6) 非功能需求的解决方案

如安全性、可用性、有效性、可维护性、可移植性等非功能性需求的一些解决方案。

(7) 其他特殊设计

如某些程序有特殊的要求,需要对其进行特殊的设计。

2. 详细设计

详细设计又称为程序设计,它旨在说明一个软件系统各个层次中的每一个程序(每个模块或子程序)是如何实现的。换言之,详细设计的目的就是指导编码,它的效果是:将你的详细设计拿给不同的人去写编码,写出来的程序的功能和处理流程相同。用通俗的话来说,详细设计就是软件项目的"另一种"编码实现,"另一种"编码是指人类语言(比如汉语、英语、日语等),而程序员进行编码实现,就是将详细设计中的人类语言翻译成计算机编程语言而已。详细设计的内容要点如下:

(1) 程序系统的结构

用一系列图表列出本程序系统内的每个程序(包括每个模块和子程序)的名称、标识符和它们之间的层次结构关系。

(2) 程序 1(标识符)设计说明

从本程序开始,逐个地给出各个层次中的每个程序的设计考虑。以下给出的提纲是针

对一般情况的。对于一个具体的模块，尤其是层次比较低的模块或子程序，很多条目的内容往往与它所隶属的上一层模块的对应条目的内容相同，在这种情况下，只要简单地说明这一点即可。

- 程序描述

给出对该程序的简要描述，主要说明安排设计本程序的目的意义，并且，还要说明本程序的特点（如：是常驻内存还是非常驻内存？是否包括子程序？是可重入的还是不可重入的？有无覆盖要求？是顺序处理还是并发处理等）。

- 功能

说明该程序应具有的功能，可采用 IPO 图（即输入—处理—输出图）的形式。

- 性能

说明对该程序的全部性能要求，包括对精度、灵活性和时间特性的要求。

- 输入项

给出对每一个输入项的特性，包括名称、标识符、数据的类型和格式、数据值的有效范围、输入的方式、数量和频度、输入媒体、输入数据的来源和安全保密条件等。

- 输出项

给出每一个输出项的特性，包括名称、标识符、数据的类型和格式，数据值的有效范围，输出的形式、数量和频度，输出媒体、对输出图形及符号的说明、安全保密条件等。

- 算法

详细说明本程序所选用的算法，具体的计算公式和计算步骤。

- 流程逻辑

用图表（例如流程图、判定表等）辅以必要的说明来表示本程序的逻辑流程。

- 接口

用图的形式说明本程序所隶属的上一层模块及隶属于本程序的下一层模块、子程序，说明参数赋值和调用方式，说明与本程序相直接关联的数据结构（数据库、数据文卷）。

- 存储分配

根据需要，说明本程序的存储分配。存储分配指本程序运行过程中产生的或需要的数据在内存（全局变量）、数据库、数据文件或配置文件中的存储情况。

- 注释设计

说明本程序中安排的注释，如：加在模块首部的注释；加在各分枝点处的注释；对各变量的功能、范围、缺省条件等所加的注释；对使用的逻辑所加的注释等。

- 限制条件

说明本程序运行中所受到的限制条件。

- 测试计划

说明对本程序进行单体测试的计划，包括对测试的技术要求、输入数据、预期结果、进度安排、人员职责、设备条件驱动程序及桩模块等的规定。

- 尚未解决的问题

说明在本程序的设计中尚未解决而设计者认为在软件完成之前应解决的问题。

注意：上述只是一个程序（模块）的详细设计，若有多个模块，则用类似上述的方式，说明第 2 个程序乃至第 N 个程序的设计考虑。

6.2.2 界面设计

1. 概念

在人和机器的互动过程(Human Machine Interaction)中,有一个层面,即所说的界面(Interface)。从心理学意义来分,界面可分为感觉(视觉、触觉、听觉等)和情感两个层次。用户界面设计是屏幕产品的重要组成部分。界面设计是一个复杂的有不同学科参与的工程,认知心理学、设计学、语言学等在此都扮演着重要的角色。用户界面设计的三大原则是:置界面于用户的控制之下;减少用户的记忆负担;保持界面的一致性。用户界面设计在工作流程上分为结构设计、交互设计、视觉设计3个部分。

(1) 结构设计(Structure Design)

结构设计也称概念设计 (Conceptual Design),是界面设计的骨架。通过对用户研究和任务分析,制定出产品的整体架构。基于纸质的低保真原型(Paper Prototype)可提供用户测试并进行完善。在结构设计中,目录体系的逻辑分类和语词定义是用户易于理解和操作的重要前提。如西门子手机设置闹钟的词条是"重要记事",让用户很难找到。

(2) 交互设计(Interactive Design)

交互设计的目的是使产品让用户能简单使用。任何产品功能的实现都是通过人和机器的交互来完成的。因此,人的因素应作为设计的核心被体现出来。交互设计的原则如下:

①有清楚的错误提示。误操作后,系统提供有针对性的提示。

②让用户控制界面。"下一步""完成",面对不同层次提供多种选择,给不同层次的用户提供多种可能性。

③允许兼用鼠标和键盘。同一种功能,可以同时用鼠标和键盘,提供多种可能性。

④允许工作中断。例如用手机写新短信的时候,收到短信或电话,完成后回来仍能够找到刚才正写的新短信。

⑤使用用户的语言,而非技术的语言。

⑥提供快速反馈。给用户心理上的暗示,避免用户焦急。

⑦方便退出,如手机的退出,是按一个键完全退出,还是一层一层地退出。提供两种可能性。

⑧导航功能。随时转移功能,很容易从一个功能跳到另外一个功能。

(3) 视觉设计 Visual Design

在结构设计的基础上,参照目标群体的心理模型和任务达成进行视觉设计,包括色彩、字体、页面等。视觉设计要达到用户愉悦使用的目的。视觉设计的原则如下:

①界面清晰明了。允许用户订制界面。

②减少短期记忆的负担,让计算机帮助记忆,例如:User Name,Password,IE 进入界面地址可以让机器记住。

③依赖认知而非记忆。如打印图标的记忆、下拉菜单列表中的选择。

④提供视觉线索。图形符号的视觉的刺激;GUI(图形界面设计):Where, What, Next Step。

⑤提供默认(Default)、撤销(Undo)、恢复(Redo)的功能。
⑥提供界面的快捷方式。
⑦尽量使用真实世界的设计。如:电话、打印机的图标设计,尊重用户以往的使用经验。
⑧完善视觉的清晰度。条理清晰;图片、文字的布局和隐喻不要让用户去猜。
⑨界面的协调一致。如手机界面按钮排放,左键肯定;右键否定;或按内容摆放。
⑩同样功能用同样的图形。
⑪色彩与内容。整体软件不超过5个色系,尽量少用红色、绿色。近似的颜色表示近似的意思。

2. 新闻发布系统的主界面设计

主界面是一个系统各个功能进入的门户界面,主界面设计侧重点在结构设计上,一定要慎重考虑,它设计的好坏会严重影响用户的操作流程和操作习惯,同时影响到程序实现的难易程度。

特别说明:在实际的项目开发过程中,用户在提需求的时候对用户界面往往只是提出一些操作要点(例如,界面操作要方便,布局合理,颜色不要太刺眼),不大可能给出具体的操作界面。所以,对于界面的设计,需要程序员(及美工人员)慎重设计并密切与客户沟通完成。本章仅给出一个主界面的设计,对于其他功能界面在后面章节完成具体功能时会附带给出。

主界面的设计草图如图6.3所示,整个界面分成3个部分(上部、左下部、右下部),上部为标题区,里边显示欢迎信息(用户登录时会显示用户登录名);左下部为菜单功能区,里边列出用户可用的所有功能入口(链接);右下部是具体功能界面显示区,当单击左下部菜单功能区中的功能,会在右下部显示该功能的操作界面。

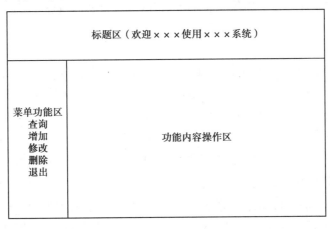

图6.3 主界面草图

6.2.3 数据库设计

1. 概念

数据库设计(Database Design)是指根据用户的需求,在某一具体的数据库管理系统上,设计数据库的结构和建立数据库的过程。一般来说,数据库的设计过程大致可分为5个步骤。

(1)需求分析

调查和分析用户的业务活动和数据的使用情况,弄清所用数据的种类、范围、数量以及它们在业务活动中交流的情况,确定用户对数据库系统的使用要求和各种约束条件等,形成用户需求规约。

(2)概念设计

对用户要求描述的现实世界(可能是一个工厂、一个商场或者一个学校等),通过对其中住处的分类、聚集和概括,建立抽象的概念数据模型。这个概念模型应反映现实世界各部门的信息结构、信息流动情况、信息间的互相制约关系以及各部门对信息储存、查询和加工的要求等。所建立的模型应避开数据库在计算机上的具体实现细节,用一种抽象的形式表示出来。以扩充的实体—联系模型方法为例,第一步先明确现实世界各部门所含的各种实体及其属性、实体间的联系以及对信息的制约条件等,从而给出各部门内所用信息的局部描述(在数据库中称为用户的局部视图)。第二步再将前面得到的多个用户的局部视图集成为一个全局视图,即用户要描述的现实世界的概念数据模型。

(3)逻辑设计

其主要工作是将现实世界的概念数据模型设计成数据库的一种逻辑模式,即适应于某种特定数据库管理系统所支持的逻辑数据模式。与此同时,可能还需为各种数据处理应用领域产生相应的逻辑子模式。这一步设计的结果就是所谓的"逻辑数据库"。

(4)物理设计

根据特定数据库管理系统所提供的多种存储结构和存取方法等依赖于具体计算机结构的各项物理设计措施,对具体的应用任务选定最合适的物理存储结构(包括文件类型、索引结构和数据的存放次序与位逻辑等)、存取方法和存取路径等。这一步设计的结果就是所谓"物理数据库"。

(5)验证设计

在上述设计的基础上,收集数据并具体建立一个数据库,运行一些典型的应用任务来验证数据库设计的正确性和合理性。一般来说,一个大型数据库的设计过程往往需要经过多次循环反复。当设计的某步发现问题时,可能就需要返回到前面去进行修改。因此,在做上述数据库设计时就应考虑到今后修改设计的可能性和方便性。

注意:本书的数据库设计仅仅进行其中的逻辑设计。

2. 新闻发布系统的数据库设计

首先,明白两个问题:数据库存的是什么?答:数据。数据的词性是什么?答:名词。

其次,写一篇文章来描述本项目需求:这是一个新闻发布系统,它能让管理员及普通用户使用,普通用户能够实现注册、登录、查看新闻、发布新闻、编辑自己发布的新闻、修改自己的密码,管理员能登录、查看新闻、发布新闻、编辑所有新闻、管理用户。

再次,分析上述的文章,把其中的名词找出来:新闻、系统、管理员、用户、密码。

最后,分析找出来的名词,设计表结构。

- 新闻

此时数据库中没有一个现成数据表能容下它,因此需要新建一个表:新闻表。那么,新闻表中应该有哪些字段?可能有的字段有:新闻id、新闻标题、新闻内容、发布人、发布时间、修改人、修改时间等。
- 系统

该名词是一个泛泛而谈的概念,里边包含的信息太多,抽象而不具体,因此舍弃。
- 管理员

此时有一新闻表了,但管理员与新闻是两个独立的实体,且不是1对1的关系,因为一个管理员能够发多个新闻,此时需新建一个表:人员表,可能有的字段有:人员id、人员姓名、性别、年纪、爱好等。

注意:一般来讲,1v1对应的属性可以合并到同一张表中。
- 用户

用户与管理员都是同一性质的东西,可以说管理员是用户中的特殊人员,因此都放到同一表中:人员表。为了区别,可在管理员表中新增一字段:是否是管理员。
- 密码

分析已经存在的两张表,发现密码是用户的一个属性,当用户存在时才有密码,用户不存在的时候,密码就没有意义,因此,密码可以作为一个字段放入用户表中去。

根据以上分析,可以从新闻发布系统需求中提取两个实体,新闻和用户,他们之间的E-R图如图6.4所示。

图6.4 新闻发布系统 E-R 图

根据以上分析及E-R图,表结构见表6.1和表6.2。

表6.1 新闻表(news)

序号	字段名	字段说明	长度	是否为空	主键或者外键	备注
1	nid	新闻编号	11	否	主键	自动增长
2	title	新闻标题	50	否		
3	content	新闻正文		是		
4	uid	发布人	11	否	外键	引用用户表主键
5	pubtime	发布时间		否		
6	isValid	是否有效	1	否		取值0:无效,1:有效

表6.2 用户表(user)

序号	字段名	字段说明	字段类型	长度	是否为空	主键或者外键	备注
1	uid	用户编号	int	11	否	主键	自动增长
2	uname	姓名	varchar	20	否		
3	pass	密码	varchar	18	否		
4	sex	性别	varchar	1	否		取值0:男,1:女

续表

序号	字段名	字段说明	字段类型	长度	是否为空	主键或者外键	备注
5	profession	职业	varchar	50	是		取值：teacher：老师，student：学生
6	favourite	爱好	varchar	50	是		取值：电脑网络，影视娱乐，棋牌娱乐
7	note	个人说明	varchar	50	是		
8	type	用户类型	int	1	否		取值0：普通用户，1：管理员，默认为0
9	isValid	是否有效	int	1	否		取值0：无效，1：有效

6.2.4 工作实施

①按照上述相关内容编写新闻发布系统的概要设计文档,参考概要设计文档。
②按照上述相关内容编写新闻发布系统的数据库设计文档,参考数据库设计文档。
③按照上述相关内容进行主界面设计。

此主界面如图 6.3 主界面设计图所示,可以使用 bootstrap 结合 iframe 来实现框架页面。在 iframe 中分别加入用户管理页面或者新闻管理页面,根据主页面的菜单进行切换。编写框架主页面 index.jsp,关键代码如下：

```jsp
<%@ page language="java" contentType="text/html; charset=UTF-8"
pageEncoding="UTF-8"%>
<%@ taglib uri="http://java.sun.com/jsp/jstl/core" prefix="c"%>
<!DOCTYPE html>
<html lang="en">
<body>
<jsp:include page="header.jsp"></jsp:include>
<script type="text/javascript">
    window.onload=function(){
    Array.prototype.forEach.call(document.querySelectorAll("#news_navbar li a"), function(el){
            el.addEventListener('click', function(){
        Array.prototype.forEach.call(document.querySelectorAll("#news_navbar li"), function(el){
                el.classList.remove("active");
            })
            this.parentNode.classList.add("active");
    document.querySelector("#miframe").setAttribute("src",this.getAttribute("data-src"));
```

```html
            });
        });
    }
</script>
<div class="header">
    <nav class="navbar navbar-default">
        <div class="container">
            <div class="navbar-header">
                <button class="navbar-toggle" data-toggle="collapse" data-target=".navbar-collapse">
                    <span class="icon-bar"></span>
                    <span class="icon-bar"></span>
                    <span class="icon-bar"></span>
                </button>
                <a href="#" class="navbar-brand">新闻发布管理系统</a>
            </div>
            <div class="collapse navbar-collapse">
                <ul class="nav navbar-nav" id="news_navbar">
                    <li class="active"><a href="javascript:void(0)" data-src="home.jsp"><span class="glyphicon glyphicon-home"></span>后台首页</a></li>
                    <li><a href="javascript:void(0)" data-src="userManage.jsp"><span class="glyphicon glyphicon-user"></span>用户管理</a></li>
                    <li><a href="javascript:void(0)" data-src="newsManage.jsp"><span class="glyphicon glyphicon-list"></span>新闻管理</a></li>
                </ul>
                <ul class="nav navbar-nav navbar-right">
                    <li class="dropdown">
                        <a href="#" data-toggle="dropdown">${currentUser.uname}
                            <span class="caret"></span>
                        </a>
                        <ul class="dropdown-menu">
                            <li><a href="#"><span class="glyphicon glyphicon-user"></span>个人首页</a></li>
                            <li><a href="#"><span class="glyphicon glyphicon-cog"></span>个人设置</a></li>
                        </ul>
                    </li>
```

```html
                    <li><a href="#"><span class="glyphicon glyphicon-off">
</span>退出</a></li>
                </ul>
            </div>
        </div>
    </nav>
</div>
<iframe id="miframe" src="home.jsp" width="100%" height="520px"
frameborder="0" scrolling="no"></iframe>
<jsp:include page="footer.jsp"></jsp:include>
</body>
</html>
```

注意：主页面上的导航栏实际上就是一些功能链接，现在这些链接还没有完全确定，在后面章节实现一个功能时，我们就修改该页面的一个链接并确定其功能名称。

编写后台首页页面home.jsp，这个页面并不是一个功能界面，只是一个内容首页，可以在里边写一些系统介绍等类似"打广告"的东西，我们在这里只放入了一个广告栏和两个列表展示，代码如下：

```jsp
<%@ page language="java" contentType="text/html; charset=UTF-8"
pageEncoding="UTF-8"%>
<%@ taglib uri="http://java.sun.com/jsp/jstl/core" prefix="c" %>
<!DOCTYPE html>
<html lang="en">
<body>
<jsp:include page="header.jsp"></jsp:include>
<script type="text/javascript"
src="http://mockjs.com/bower_components/mockjs/dist/mock.js"></script>
<script>
window.onload=function(){
    //利用mock.js动态生成轮播图
    var Random = Mock.Random;
    var carousel = document.querySelector(".carousel-inner");
    for(let i=0;i<=4;i++){
        var divel = document.createElement("div");
        divel.classList.add("item");
        if(i==0){
            divel.classList.add("active");
        }
        var imgel = document.createElement("img");
        imgel.setAttribute("src",Random.image('1250x350','#FF6600'));
        imgel.classList.add("img-responsive");
```

```html
            //imge1.style.width="100%";
            dive1.appendChild(imge1);
            carousel.appendChild(dive1);
        }
    }
</script>
<div class="container" >
    <div id="myCarousel" class="carousel slide">
        <!-- 轮播(Carousel)指标 -->
        <ol class="carousel-indicators">
            <li data-target="#myCarousel" data-slide-to="0" class="active"></li>
            <li data-target="#myCarousel" data-slide-to="1"></li>
            <li data-target="#myCarousel" data-slide-to="2"></li>
        </ol>
        <!-- 轮播(Carousel)项目 -->
        <div class="carousel-inner">

        </div>
        <!-- 轮播(Carousel)导航 -->
        <a class="left carousel-control" href="#myCarousel" role="button" data-slide="prev">
            <span class="glyphicon glyphicon-chevron-left" aria-hidden="true"></span>
            <span class="sr-only">Previous</span>
        </a>
        <a class="right carousel-control" href="#myCarousel" role="button" data-slide="next">
            <span class="glyphicon glyphicon-chevron-right" aria-hidden="true"></span>
            <span class="sr-only">Next</span>
        </a>
    </div>
    <div class="row" style="margin-top:15px">
        <div class="col-xs-6">
            <div class="list-group">
                <a href="#" class="list-group-item active">
                    <h4 class="list-group-item-heading">最新新闻</h4>
                </a>
                <a href="#" class="list-group-item">
                    <h4 class="list-group-item-heading">最年轻中将亮相军委大会曾带15架歼10飞跃天安门</h4>
```

```html
            </a>
            <a href="#" class="list-group-item">
                <h4 class="list-group-item-heading">李克强欢迎马来西亚总理马哈蒂尔访华</h4>
            </a>
            <a href="#" class="list-group-item">
                <h4 class="list-group-item-heading">地球上最新最豪华专机 卡塔尔王室说不要就不要</h4>
            </a>
            <a href="#" class="list-group-item">
                <h4 class="list-group-item-heading">结婚都拖拉还怎么生孩子？这省平均婚龄已达34岁</h4>
            </a>
        </div>
    </div>
    <div class="col-xs-6">
        <div class="list-group">
            <a href="#" class="list-group-item active">
                <h4 class="list-group-item-heading">热点新闻</h4>
            </a>
            <a href="#" class="list-group-item">
                <h4 class="list-group-item-heading">最年轻中将亮相军委大会曾带15架歼10飞跃天安门</h4>
            </a>
            <a href="#" class="list-group-item">
                <h4 class="list-group-item-heading">李克强欢迎马来西亚总理马哈蒂尔访华</h4>
            </a>
            <a href="#" class="list-group-item">
                <h4 class="list-group-item-heading">地球上最新最豪华专机 卡塔尔王室说不要就不要</h4>
            </a>
            <a href="#" class="list-group-item">
                <h4 class="list-group-item-heading">结婚都拖拉还怎么生孩子？这省平均婚龄已达34岁</h4>
            </a>
        </div>
    </div>
</div>
</body>
</html>
```

运行并将上述几个页面放到工程 WebContent 下,发布工程,启动 Web 服务器后运行显示的首页,看到的效果如图 6.5 所示。

图 6.5　主页面的运行效果

6.3　巩固与提高

1.填空题

(1)需求分析阶段的研究对象是_____。

(2)需求分析是由分析员了解用户的要求,认真细致地调研。分析,最终应建立目标系统的逻辑模型并写出_____。

(3)在软件生命周期中,能准确地确定软件系统必须做什么和必须具备哪些功能的阶段是_____。

(4)需求分析阶段的任务是确定_____。

(5)用例图用于描述_____和用例或_____与用例之间的关系,着重展示系统必须实现的功能,用于在需求分析阶段分析客户需求。

(6)_____是与系统交互的人或事。

(7)_____是对包括变量在内的一组动作序列的描述,系统执行这些动作,并产生传递特定参与者的价值的可观察结果。

2.选择题

(1)在软件生命周期中,能准确地确定软件系统必须做什么和必须具备哪些功能的阶段是(　　)。

　　A.概要设计　　　B.详细设计　　　C.可行性研究　　　D.需求分析

(2)软件生命周期中所花费用最多的阶段是(　　)。

　　A.详细设计　　　B.软件编码　　　C.软件测试　　　D.软件维护

(3)在软件开发过程中,应该在(　　)阶段设计软件的界面,在(　　)阶段确定系统的功能点,( )贯穿整个开发过程。

  A.需求分析 B.概要设计 C.详细设计 D.软件测试

(4)用户界面设计在工作流程上分为( )、( )、( )3个部分。

  A.结构设计 B.交互设计 C.功能设计 D.视觉设计

(5)在数据库设计中,用 E-R 图来描述信息结构但不涉及信息在计算机中的表示,它是数据库设计的( )阶段。

  A.需求分析 B.概念设计 C.逻辑设计 D.物理设计

(6)数据库(DB)、数据库系统(DBS)和数据库管理系统(DBMS)三者之间的关系是( )。

  A.DBS 包括 DB 和 DBMS B.DBMS 包括 DB 和 DBS

  C.DB 包括 DBS 和 DBMS D.DBS 就是 DB,也就是 DBMS

(7)关系数据库规范化是为解决关系数据库中( )问题而引入的。

  A.插入、删除和数据冗余 B.提高查询速度

  C.减少数据操作的复杂性 D.保证数据的安全性和完整性

(8)关系数据模型( )。

  A.只能表示实体间的 1∶1 联系 B.只能表示实体间的 1∶n 联系

  C.只能表示实体间的 m∶n 联系 D.可以表示实体间的上述三种联系

第七章 项目编码（一）
——新闻发布系统的编码阶段

7.1 实现注册功能

在本节将学习：
- 如何实现注册功能；
- 根据需求分析和设计实现注册功能。

注意：需求分析要和设计相吻合，若数据库表的设计与需求不一致，要根据需求进行修正。

7.1.1 编码如何开始

1. 根据需求确定界面样式

界面样式如图 7.1 所示。

图 7.1 注册功能界面

2. 根据需求确定页面的有效性验证

- 用户名:不能为空。
- 密码:不能为空,位数 6~18 位,必须和确认密码相同才能提交。
- 性别:不能为空,必须选择。

3. 根据设计文档确定业务流程和程序流程

注册功能的业务流程如图 7.2(a)所示。注册功能的程序流程如图 7.2(b)所示。

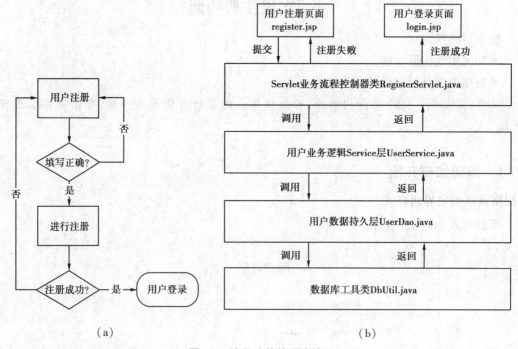

图 7.2 注册功能的程序流程

4. 确定代码存放位置

Java 代码存放如图 7.3 所示。

页面相关代码存放如图 7.4 所示。

5. 开始编码并确定技术难题,进行攻关

可能遇到的技术问题:

① 页面验证中是否存在技术难题?

② 层与层之间数据传递是否存在技术难题?

③ Servlet 是否存在技术难题?

④ 数据库编程是否存在技术难题?

⑤ 业务逻辑处理是否存在技术难题?

⑥ 页面美化是否存在技术难题?

图 7.3　注册功能 Java 代码存放　　　　图 7.4　页面相关代码存放

7.1.2　用户注册页面的具体实现

1.数据库和用户表的建立

在 MySQL 数据库中创建名为 news 的数据库,再在数据库中创建如表 6.2 所示的用户表 user。

2.注册功能前台页面的创建

编写注册验证 JS 代码,关键代码如下:

```
<script type="text/javascript">
    //验证用户名
    function checkUname(){
        let result = true;
        let uname = document.getElementById("uname").value;
        if(uname.length<6){
document.getElementById("unameTip").classList.remove("hidden");
            result = false;
        }
        return result;
    }
    //验证密码
    function checkPass(){
```

177

```javascript
        let result  =  true;
        let pass = document.getElementById("pass").value;
        if(pass.length<6){
    document.getElementById("passTip").classList.remove("hidden");
            result = false;
        }
        return result;
    }
    //验证确认密码
    function checkrePass(){
        let result  =  true;
        let pass = document.getElementById("pass").value;
        let repass = document.getElementById("repass").value;
        if(pass!=repass){
    document.getElementById("repassTip").classList.remove("hidden");
            result = false;
        }
        return result;
    }
    //表单提交
    function doSubmit(){
        if(checkUname()&&checkPass()&&checkrePass()){
            document.getElementById("myform").submit();
        }
    }
</script>
```

编写注册页面 register.jsp,并链接注册验证文件。

3. 注册功能后台类的创建

编写业务逻辑处理类 UserService 中的 addUser 方法,关键代码如下:

```java
public int addUser(User u){
    UserDao ud = new UserDao();
    return ud.addUser(u);
}
```

该方法调用 UserDao 中的 addUser 方法,关键代码如下:

```java
public int addUser(User u){
    return DbUtil.genericDML("insert into user(uname,pass,sex,profession,favourite,note,type) values(?,?,?,?,?,?,?)", new Object[]{u.getUname(),u.getPass(),u.getSex(),u.getProfession(),u.getFavourite(),u.getNote(),u.getType()});
}
```

该方法调用我们之前封装的 DbUtil 工具类实现用户的注册。

编写流程控制类 RegisterServlet,应该注意获取注册页面传来的数据,注意乱码问题,根据参数构造数据传输对象,传递给相应的 Service 层,然后获得返回的结果判断是否用户注册成功,如果成功跳转到登录页面,否则维持不变。关键代码如下:

```java
public void doGet(HttpServletRequest request, HttpServletResponse response)
        throws ServletException, IOException {
    //解决参数信息乱码问题
    request.setCharacterEncoding("utf-8");
    //获取用户注册信息
    String uname = request.getParameter("uname");
    String pass = request.getParameter("pass");
    String sex = request.getParameter("sex");
    String profession = request.getParameter("profession");
    String[] favourite=request.getParameterValues("favourite");
    String note = request.getParameter("note");
    //创建注册的领域对象,用于传递给 service 层
    User u = new User();
    u.setUname(uname);
    u.setPass(pass);
    u.setSex(Integer.parseInt(sex));
    u.setProfession(profession);
    u.setFavourite(Arrays.toString(favourite));
    u.setNote(note);
    u.setType(0);
    //调用 UserService 判断用户是否注册成功,成功跳转到登录页面,否则维持不动
    UserService us = new UserService();
    int result = us.addUser(u);
    if(result>0){
        response.sendRedirect("login.jsp");
    }else{
        response.sendRedirect("register.jsp");
    }
}
```

4. **修改 web.xml 文件,增加注册功能的 servlet 配置,关键代码:**

```xml
<servlet>
  <servlet-name>RegisterServlet</servlet-name>
  <servlet-class>controller.RegisterServlet</servlet-class>
</servlet>
```

```xml
<servlet-mapping>
  <servlet-name>RegisterServlet</servlet-name>
  <url-pattern>/registerServlet</url-pattern>
</servlet-mapping>
```

5. 调试输出

按照之前讲过的内容——"确定代码存放位置"部分的相关内容将编写的代码存放好，发布工程，重启 Tomcat 服务器，确保数据库在已经启动的情况下，在浏览器中运行 register.jsp，如图 7.1 所示，输入注册信息，注册成功后显示登录页面。

7.1.3 VO 的引入

ORM(Object Relational Mapping)是对象关系映射，通俗点讲，就是将对象与关系数据库绑定，用对象来表示关系数据。在 ORM 的世界里，有两个基本的东西需要了解，VO(Value Object)——值对象，PO(Persisent Object)——持久对象，这里着重了解 VO。

VO 的目的就是为数据提供一个生存的地方，通常用于层与层之间的数据传递，它是抽象出来的业务对象，可以与表结构对应，也可以不，这个根据业务的需要来决定。它们是由一组属性与属性的 get 和 set 方法组成。

为什么要引入 VO 呢？在层与层之间需要传递数据时，如果数据过多，肯定要在方法上多定义一些参数，代码看起来就很复杂，而在层与层之间通过传递 VO，可以减少调用的方法上面参数的定义，也明确地知道传递的是什么数据，从而优化代码，也便于以后系统的维护和扩展。

以注册功能为例子，首先创建一个 VO 对象 user，它的属性与数据库 user 表中的属性设置一致，关键代码如下：

```java
//用户 ID
private int uid;
//用户名
private String uname;
//用户密码
private String pass;
//性别
private int sex;
//职业
private String profession;
//用户爱好
private String favourite;
//用户说明
private String note;
//用户类型
private int type;
//get set 方法省略
```

业务流程控制类 RegisterServlet 中,页面传来的用户数据从 request 对象中取出,新建一个 user 对象,将数据存放在 user 对象中,关键代码如下:

```
//解决参数信息乱码问题
    request.setCharacterEncoding("utf-8");
//获取用户注册信息
    String uname = request.getParameter("uname");
    String pass = request.getParameter("pass");
    String sex = request.getParameter("sex");
    String profession = request.getParameter("profession");
    String[] favourite=request.getParameterValues("favourite");
    String note = request.getParameter("note");
//创建注册的领域对象,用于传递给 service 层
    User u = new User();
    u.setUname(uname);
    u.setPass(pass);
    u.setSex(Integer.parseInt(sex));
    u.setProfession(profession);
    u.setFavourite(Arrays.toString(favourite));
    u.setNote(note);
    u.setType(0);
```

业务流程控制类 RegisterServlet 向用户业务逻辑处理类 UserService 传递数据时,通过调用 addUser 方法将 user 对象传递到 UserService 进行保存操作,关键代码如下:

```
//调用 UserService 判断用户是否注册成功,成功跳转到登录页面,否则维持不动
    UserService us = new UserService();
    int result = us.addUser(u);
```

7.2 实现登录功能

在本节将学习:
- 根据需求分析和设计实现登录功能;
- 根据用户类型的不同进行不同页面处理;
- 全局常量类的使用。

工作描述:

输入登录用户 id、登录密码进行登录,要求:

有注册功能的入口;在登录过程中根据用户的身份(一般用户、管理员)在登录成功后展现不同的主界面;把程序中经常用到的一些常量提取出来专门放到一个类中(定义为静态成员变量),便于统一管理和维护。

7.2.1 编码如何开始

1. 根据需求确定页面的样式

登录页面如图 7.5 所示。

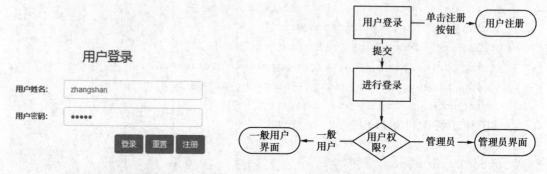

图 7.5 登录功能界面

图 7.6 登录功能的业务流程

2. 根据设计文档确定业务流程和程序流程

登录功能的业务流程如图 7.6 所示。

登录功能的程序流程如图 7.7 所示。

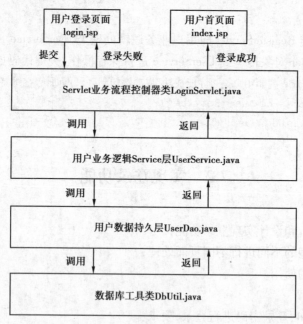

图 7.7 登录功能的程序流程

3. 确定代码存放位置

登录功能的 Java 代码存放如图 7.8 所示。

登录功能的页面相关代码存放(包括登录页面(login.jsp)和主界面(index.jsp))如图 7.9 所示。

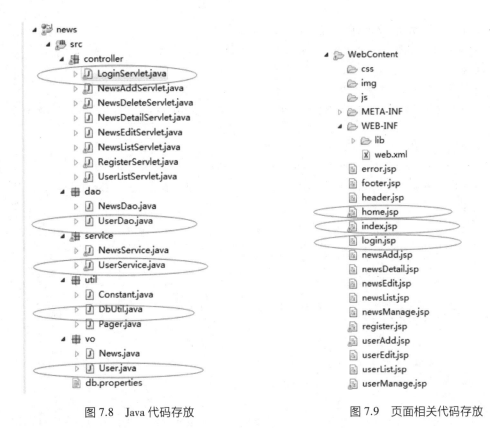

图 7.8　Java 代码存放　　　　图 7.9　页面相关代码存放

4. 开始编码并确定技术难题，进行攻关

可能遇到的问题如下：

① 根据用户类型的不同进行不同菜单页面的设计是否存在技术难题？

② 从登录页面中单击注册按钮跳转到注册页面是否存在技术难题？

7.2.2　用户登录页面的具体实现

1. 登录功能前台页面的创建

编写登录页面 login.jsp，代码如下：

```
<script type="text/javascript">
    function jumpRegister(){
        window.location.href = "register.jsp";
    }
    function doSubmit(){
        document.getElementById("myform").submit();
    }
</script>
</head>
<body>
    <div class="container" style="padding-top: 50px;">
```

```html
<h3 class="text-center">用户登录</h3><br />
<form action="loginServlet" method="post" class="form-horizontal"
 role="form" id="myform">
   <div class="form-group">
     <label class="col-sm-offset-1 col-sm-4 control-label">用户姓名:</label>
     <div class="col-sm-3">
        <input type="text" id="uname" name="uname" class="form-control" onblur="checkUname()" placeholder="用户名长度必须大于6位" required>
     </div>
     <p class="help-block hidden" id="unameTip">用户名必须输入大于6位。</p>
   </div>
   <div class="form-group">
     <label class="col-sm-offset-1 col-sm-4 control-label">用户密码:</label>
     <div class="col-sm-3">
        <input type="password" id="pass" name="pass" onblur="checkPass()" class="form-control" placeholder="输入密码,必须大于6位" required>
     </div>
     <p class="help-block hidden" id="passTip">长度必须大于等于6,包含字母和数字以及特殊符号。</p>
   </div>
   <div class="form-group">
     <div class="row">
       <div class="col-sm-offset-6 col-sm-2">
          <button type="submit" class="btn btn-primary" onclick="doSubmit()">登录</button>
          <button type="reset" class="btn btn-primary">重置</button>
          <button type="reset" class="btn btn-primary" onclick="jumpRegister()">注册</button>
       </div>
     </div>
   </div>
</form>
</div>
</body>
```

编写登录成功页面,注意登录成功页面实际上就是进入主界面。

2.登录功能后台类的创建

编写用户登录业务逻辑处理类 UserService.java 的 queryUser 方法,关键代码如下:

```java
public User queryUser(String uname,String pass){
    UserDao ud = new UserDao();
    return ud.queryUser(uname, pass);
}
```

该方法调用 UserDao 中的 queryUser 方法,关键代码如下:

```java
public User queryUser(String uname,String pass){
    List<User> users = DbUtil.genericQuery("select * from user where uname=? and pass=?", new Object[]{uname,pass}, User.class);
    return (users.size()>0? users.get(0):null);
}
```

登录流程控制 servlet 类 LoginServlet.java,登录成功后将用户信息放到 session 中以便后续功能使用,关键代码如下:

```java
public void doGet(HttpServletRequest request, HttpServletResponse response)
        throws ServletException, IOException {
    //设置请求参数的编码格式
    request.setCharacterEncoding("utf-8");
    //获取登录表单参数
    String uname = request.getParameter("uname");
    String pass = request.getParameter("pass");
    //创建 UserService 类对象
    UserService us = new UserService();
    //根据用户名和密码获得用户对象
    User u = us.queryUser(uname, pass);
    if(u!=null){
        //用户对象不为空将其保存到 session 中
        request.getSession().setAttribute("currentUser", u);
        //登录成功,跳转到首页面
        request.getRequestDispatcher("index.jsp").forward(request, response);
    }else{
        //登录失败,维持不变
        response.sendRedirect("login.jsp");
    }
}
```

在首页面 index.jsp 中,通过获取登录用户的类型从而控制菜单项的显示,管理员用户可以管理用户,针对注册用户进行删除、修改和查询,而普通用户不能进行管理。针对 index.jsp 进行修改,关键代码如下:

```jsp
<c:if test="${currentUser.type==1}">
    <li><a href="javascript:void(0)" data-src="userManage.jsp">
        <span class="glyphicon glyphicon-user"></span>用户管理</a>
    </li>
```

```
</c:if>
```

3. 修改配置文件

```
<servlet>
  <servlet-name>LoginServlet</servlet-name>
  <servlet-class>controller.LoginServlet</servlet-class>
</servlet>
<servlet-mapping>
  <servlet-name>LoginServlet</servlet-name>
  <url-pattern>/loginServlet</url-pattern>
</servlet-mapping>
```

4. 调试输出

按照前面"确定代码存放位置"部分的相关内容将编写的代码存放好,发布工程,重启 Tomcat 服务器,确保在数据库已经启动的情况下,在用户表 user 中加入一条用户记录(用户名:张三;密码:123;用户类型:0,代表一般用户),在浏览器中运行 login.jsp,输入用户名:张三;密码:123"后如图 7.10 所示;再修改用户表张三的记录,将用户类型修改为 1,代表管理员,重新登录,如图 7.11 所示。

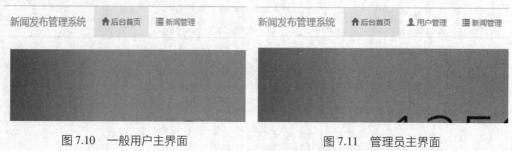

图 7.10　一般用户主界面　　　　图 7.11　管理员主界面

7.3　实现新闻发布功能

在本节将学习:
根据需求分析和设计实现新闻发布功能。

工作描述:

实现新闻发布功能:管理员和已经注册的一般用户都可以发布新闻,发布内容包括新闻标题、纯文本的新闻正文、系统自动生成的新闻编号、发布时间和发布者的用户 id。

7.3.1　编码如何开始

1. 根据需求确定界面样式

新闻发布界面样式如图 7.12 所示。

2. 根据需求确定页面的有效性验证

新闻标题:不能为空。

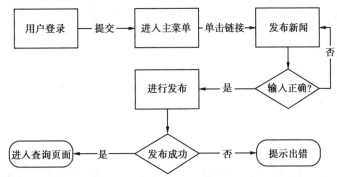

图 7.12 新闻发布界面

注意：其他验证可以自行增加。

3.根据设计文档确定业务流程和程序流程

新闻发布功能的业务流程如图 7.13 所示。

图 7.13 新闻发布功能的业务流程

新闻发布功能的程序流程如图 7.14 所示。

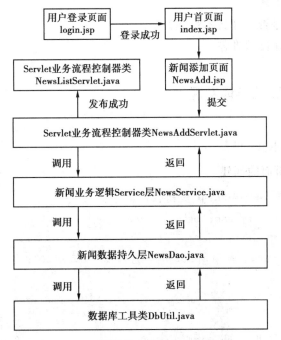

图 7.14 新闻发布功能的程序流程

4.确定代码存放位置

Java 代码存放如图 7.15 所示。

页面相关代码存放如图 7.16 所示。

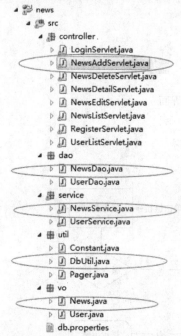

图 7.15 新闻发布功能 Java 代码存放

图 7.16 新闻发布功能页面相关代码存放

5.开始编码并确定技术难题,进行攻关

可能遇到的技术问题:

①在页面验证中是否存在技术难题?

②Servlet 是否存在技术难题?

7.3.2 新闻发布页面的具体实现

1.新闻表的建立

按照表 6.1 所示创建新闻表。

2.新闻发布功能前台页面的创建

编写新闻发布页面 NewsAdd.jsp,关键代码如下:

```
<script type="text/javascript">
    function doSubmit(){
        document.getElementById("myform").submit();
    }
</script>
<body>
  <div class="panel panel-default">
```

```html
            <div class="panel-heading">
                <h2>添加新闻</h2>
            </div>
            <div class="panel-body">
                <form action="newsAddServlet" method="post" class="form-horizontal" role="form" id="myform">
                    <div class="form-group">
                        <div class="row">
                            <label class="col-sm-offset-1 col-sm-2 control-label">新闻标题:</label>
                            <div class="col-sm-6">
                                <input type="text" id="title" name="title" class="form-control" required>
                            </div>
                        </div>
                    </div>
                    <div class="form-group">
                        <div class="row">
                            <label class="col-sm-offset-1 col-sm-2 control-label">新闻正文:</label>
                            <div class="col-sm-6">
                                <textarea class="form-control" rows="8" cols="5" name="content"></textarea>
                            </div>
                        </div>
                    </div>
                    <div class="form-group">
                        <div class="row">
                            <div class="col-sm-offset-6 col-sm-2">
                                <button type="submit" class="btn btn-primary" onclick="doSubmit()">提交</button>
                                <button type="reset" class="btn btn-primary">重置</button>
                            </div>
                        </div>
                    </div>
                </form>
            </div>
        </div>
    </body>
```

编写发布页面时,只需要添加新闻标题和新闻内容两个属性,发布时间和发布人可以在后台 Java 代码当中获取。

3.新闻发布功能后台类的创建

编写 VO 对象 News.java,用来存放新闻信息,便于层与层之间数据传递,关键代码如下:

```java
//新闻 ID
private int nid;
//新闻标题
private String title;
//新闻内容
private String content;
//发布时间
private String pubtime;
//发布人 ID
private int uid;
//新闻是否有效
private int isValid;
//属性的 get 和 set 方法省略
```

编写新闻发布业务逻辑处理类 NewsService.java 中的 addNews 方法,关键代码如下:

```java
public int addNews(News n){
    NewsDao nd = new NewsDao();
    return nd.addNews(n);
}
```

Service 调用 NewsDao 进行数据的保存,关键代码如下:

```java
public int addNews(News n){
  return DbUtil.genericDML("insert into news(title,content,pubtime,uid,isValid) values(?,?,?,?,?)", new Object[]{n.getTitle(),n.getContent(),n.getPubtime(),n.getUid(),n.getIsValid()});
}
```

编写新闻发布流程控制 servlet 类 NewsAddServlet,这里主要有以下两个步骤。

第一步,从 request 对象中将存放的新闻信息取出,然后存放在 news 对象中,发布时间通过 Java 代码去获取系统的当前时间,发布人 id 从 session 中取出当前登录用户的 id,关键代码如下:

```java
    request.setCharacterEncoding("utf-8");
    //获取提交的新闻参数
    String title = request.getParameter("title");
    String content = request.getParameter("content");
    News n = new News();
    n.setTitle(title);
    n.setContent(content);
    //创建时间格式化器
    SimpleDateFormat sdf = new SimpleDateFormat("yyyy-MM-dd");
```

```
//获取当前时间,并格式化,设置发布时间
n.setPubtime(sdf.format(new Date()));
//从 session 获取登录用户信息
User currentUser =
(User)request.getSession().getAttribute("currentUser");
//设置发布人
n.setUid(currentUser.getUid());
n.setIsValid(1);
```

第二步,调用业务处理类 NewsService 保存新闻信息,关键代码如下:

```
//创建 NewService 对象
NewsService ns = new NewsService();
//将新闻信息保存
int result = ns.addNews(n);
if(result>0){
    response.sendRedirect("newsListServlet");
}else{
    response.sendRedirect("newsAdd.jsp");
}
```

4. 修改配置文件

增加新闻发布功能的 Servlet,关键代码如下:

```xml
<servlet>
  <servlet-name>NewsAddServlet</servlet-name>
  <servlet-class>controller.NewsAddServlet</servlet-class>
</servlet>
<servlet-mapping>
  <servlet-name>NewsAddServlet</servlet-name>
  <url-pattern>/newsAddServlet</url-pattern>
</servlet-mapping>
```

5. 调试输出

按照前面"确定代码存放位置"的相关内容存放代码,发布工程,重启 Web 服务器,确保数据库已启动。在浏览器中打开登录页面以张三身份登录(图 7.17),登录后单击菜单中的新闻发布链接(图 7.18),在随后出现的新闻发布界面中输入新闻标题:测试;新闻内容:您好"(图 7.19),输入完毕后提交,成功后回到新闻查询界面。

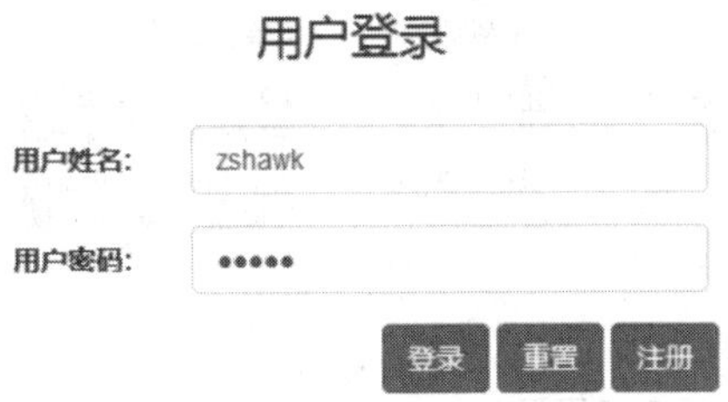

图 7.17 新闻发布—登录 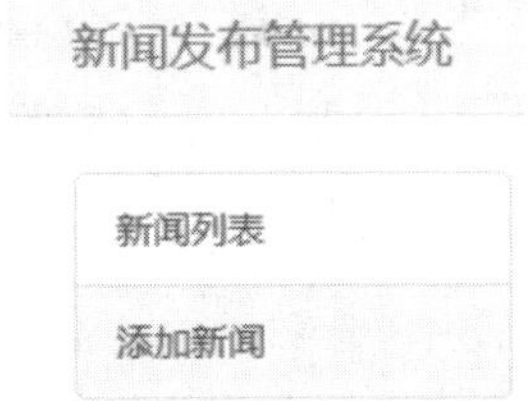   图 7.18 新闻发布—单击发布新闻链接

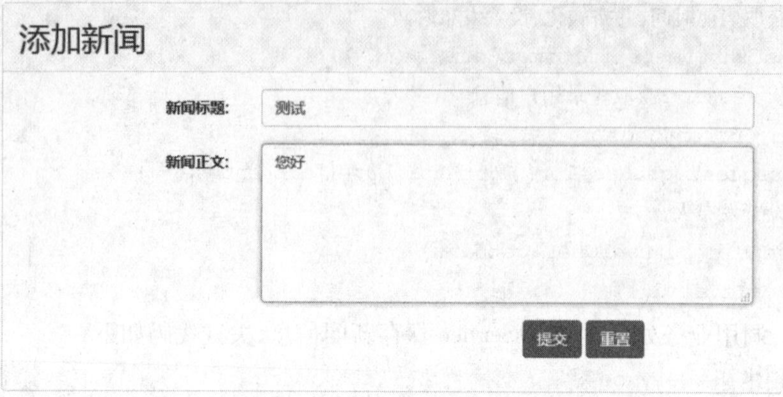

图 7.19　新闻发布—编写

7.4　实现新闻查询功能

在本节将学习：
- 根据需求分析和设计实现新闻查询功能；
- 查询数据在前台业务中的动态展现。

工作描述：

根据新闻标题或者发布人查询出新闻内容，以列表形式显示。在显示的列表中,根据用户的权限,要提供给用户对每一条记录进行查看、修改和删除的操作入口。

任务问题：如何将后台查询的数据展现到前台页面？

管理员没有操作权限的限制；一般用户对于查询出来的新闻是有操作权限限制的,可以查看所有新闻,可以修改、删除自己的新闻,不能修改和删除他人编写的新闻。那么,新闻的操作权限如何处理？

7.4.1　编码如何开始

1. 根据需求确定界面样式

界面样式如图 7.20 所示。

图 7.20　新闻查询界面

2.根据设计文档确定业务流程和程序流程

新闻查询功能的业务流程如图 7.21 所示。

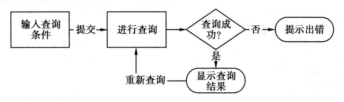

图 7.21　新闻查询功能的业务流程

新闻查询功能的程序流程如图 7.22 所示。

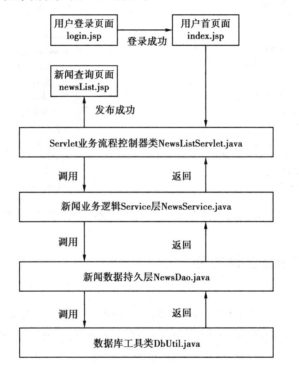

图 7.22　新闻查询功能的程序流程

3.确定代码存放位置

Java 代码存放如图 7.23 所示。

页面相关代码存放如图 7.24 所示。

4.开始编码并确定技术难题,进行攻关

可能遇到的技术问题：

①查询结果在页面上显示处理是否存在技术难题？

②新闻操作权限的处理是否存在技术难题？

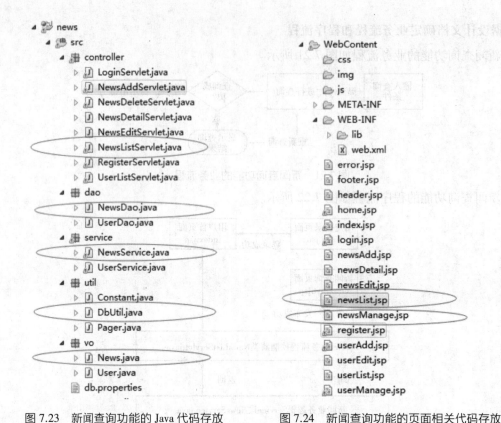

图 7.23　新闻查询功能的 Java 代码存放　　图 7.24　新闻查询功能的页面相关代码存放

7.4.2　新闻查询页面的具体实现

1. 处理思路

如图 7.25 所示，首先，从数据库中查询出来的结果存放在一个 List 集合的对象中；其次，将这个 List 集合的对象放到 request 中；再次，当程序跳转到前台数据展现页面时，在展现页面中嵌入 Java 代码，从 request 中取出 List 集合的对象；最后，循环遍历该对象，生成表格数据。

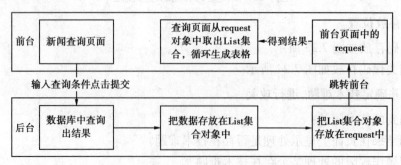

图 7.25　查询结果在前台页面显示的处理思路

2. 后台查询数据的封装

首先创建 List 集合对象，在创建集合对象时，指定集合中存放的数据类型为 Map<

String,String>。这里我们不直接使用 News 对象,因为我们查询的内容中除了有 News 对象的内容外还包含了与 News 关联的部分用户信息的内容。我们在将数据从数据库查询出后,将每条数据的信息放在 Map<String,String>对象中,最后将 Map<String,String>对象添加到 List 集合中。但是这里需要注意的是我们查询出来的集合对象是自带分页能力的,也就是根据分页情况得到的集合数,所以这里与传统的查询所有记录不一样,是使用了分页工具类,该工具类的关键代码如下:

```java
public class Pager {
    //一页多少条记录
    private int pageSize;
    //当前第几页
    private int currentPage;
    //总记录数
    private int totalCount;
    //总页数
    //得到前一页页码
    public int getPrevPage() {
        return currentPage==1? 1:currentPage-1;
    }
    //得到前一页页码
    public int getNextPage() {
        return currentPage==totalPage? totalPage:currentPage+1;
    }
    //省略其他 getter 和 setter
}
```

3.前台处理

先在页面中嵌入 Java 代码获得 request 中存放的数据结果对象,该对象是在后台封装好数据之后已经存放到 request 中的。再在页面中的表格里利用 EL 表达式和 JSTL 中的循环标签将集合进行处理显示。整个处理过程的伪代码如下:

```html
<c:forEach items="${遍历的集合}" var="n">
    <tr>
        <td>${新闻 ID}</td>
        <td>${新闻标题}</td>
        <td>${发布人}</td>
        <td>${发布时间}</td>
        <td>
            <a href="#" type="button" class="btn btn-success">查看</a>
            <a href="#" type="button" class="btn btn-info">修改</a>
            <a href="#" type="button" class="btn btn-danger">删除</a>
        </td>
    </tr>
```

```
</c:forEach>
```

7.4.3 新闻的操作权限处理

所谓操作权限处理,实际上是根据用户类型决定在界面上提供给用户的功能操作入口的多少,如:用户具备修改的权限,则在界面中提供修改的入口,否则不提供。

操作权限的处理思路:在登录时在 session 中记录下登录的用户名和权限,在查询结果页面中从 session 里获得该用户名和权限与查询的数据进行对比分析,若有权限,则在查询结果列表中的每条记录后显示可以操作的链接(如:查看、修改、删除等),没有权限不显示。这里如果是管理员则可以查看删除修改所有新闻,如果是普通用户则只可以查看修改自己的新闻,他人的新闻只可以查看(如图 7.26 所示)。

图 7.26 操作权限的处理—普通用户李四的操作权限

操作权限前台页面实现的伪代码:

```
<c:choose>
    <!--如果是普通用户-->
    <c:when test="${管理员}">
        <a href="#" type="button" class="btn btn-info">修改</a>
        <a href="" type="button" class="btn btn-danger">删除</a>
    </c:when>
    <!--如果是普通用户-->
    <c:otherwise>
        <c:if test="${当前用户 ID 等于该条新闻发布人 ID}">
            <a href="#" type="button" class="btn btn-info">修改</a>
        </c:if>
    </c:otherwise>
</c:choose>
```

1.新闻查询功能前台页面的创建

修改查询页 newsList.jsp,需要注意两个地方:一是根据获得的相关数据循环生成查询结果列表,二是分页代码的具体实现。关键代码如下:

```html
<body>
    <div class="panel panel-default">
      <div class="panel-heading">
        <div class="row">
          <h2 class="col-sm-2">新闻列表</h2>
          <form class="form-inline col-sm-10" role="form" action="newsListServlet" method="post" style="margin-top: 20px">
            <div class="form-group">
              <label class="sr-only" for="title">新闻标题</label>
              <input type="text" class="form-control" id="title" name="title" placeholder="请输入要查询的标题">
            </div>
            <button type="submit" class="btn btn-default">查询</button>
          </form>
        </div>
      </div>
      <div class="panel-body">
        <table class="table">
          <thead>
            <tr>
              <th>新闻编号</th>
              <th>新闻标题</th>
              <th>发布人</th>
              <th>发布时间</th>
              <th>操作</th>
            </tr>
          </thead>
          <tbody>
            <c:forEach items="${newslist}" var="n">
              <tr>
                <td>${n.nid}</td>
                <td>${n.title}</td>
                <td>${n.uname}</td>
                <td>${n.pubtime}</td>
                <td>
                  <a href="newsDetailServlet?nid=${n.nid}" type="button" class="btn btn-success">查看</a>
                  <c:choose>
                    <c:when test="${currentUser.type==1}">
                      <a href="newsEditServlet?nid=${n.nid}&&type=query" type="button" class="btn btn-info">修改</a>
                      <a href="newsDeleteServlet?nid=${n.nid}"
```

```
            type="button" class="btn btn-danger">删除</a>
                    </c:when>
                    <c:otherwise>
                      <c:if test="${currentUser.uid==n.uid}">
                        <a href="newsEditServlet?nid=${n.nid}&&type=query" type="button" class="btn btn-info">修改</a>
                      </c:if>
                    </c:otherwise>
                  </c:choose>

                </td>
              </tr>
            </c:forEach>
          </tbody>
        </table>
        <div class="pull-right">
          <ul class="pagination">
            <li class="disabled">
              <a href="newsListServlet?currentPage=${p.prevPage}&&title=${title}"><span>&laquo;</span></a>
            </li>
            <c:forEach begin="1" end="${p.totalPage}" var="cp">
              <li class="page"><a href="newsListServlet?currentPage=${cp}&&title=${title}"><span>${cp}</span></a></li>
            </c:forEach>
            <li>
              <a href="newsListServlet?currentPage=${p.nextPage}&&title=${title}"><span>&raquo;</span></a>
            </li>
          </ul>
        </div>
      </div>
    </div>
</body>
```

2.新闻查询功能后台类的创建

编写新闻查询业务逻辑处理类 NewsService，该类的 queryAllNewsByPage 负责根据分页和查询条件查询新闻列表，queryNewsCount 方法则是根据查询条件查询所有的新闻记录数。这两个方法的关键代码如下：

```java
public List<Map<String,String>> queryAllNewsByPage(Pager p,String title){
    NewsDao nd = new NewsDao();
    return nd.queryAllNewsByPage(p,title);
}
public Map<String,String> queryNewsCount(String title){
    NewsDao nd = new NewsDao();
    return nd.queryNewsCount(title);
}
```

同时对应的 Dao 中的方法关键代码如下：

```java
public Map<String,String> queryNewsCount(String title){
    //根据是否有查询条件(这里的查询条件即新闻标题)来调用不同的sql
    if(title==null||title==""){
        return DbUtil.genericQuerySingle("select count(*) as count from user u,news n where u.uid=n.uid and n.isValid=1",null);
    }else{
        return DbUtil.genericQuerySingle("select count(*) as count from user u,news n where u.uid=n.uid and n.isValid=1 and n.title like %"+title+"% ",null);
    }
}

public List<Map<String,String>> queryAllNewsByPage(Pager p,String title){
    //计算查询的偏移量,该偏移量是为limit服务的
    int offset = (p.getCurrentPage()-1)*p.getPageSize();
    //根据是否有查询条件(这里的查询条件即新闻标题)来调用不同的sql
    if(title==null||title==""){
        return DbUtil.genericQuery("select n.nid,n.title,n.pubtime,u.uname,n.uid from user u,news n where u.uid=n.uid and n.isValid=1 limit "+offset+","+p.getPageSize(),null);
    }else{
        return DbUtil.genericQuery("select n.nid,n.title,n.pubtime,u.uname,n.uid from user u,news n where u.uid=n.uid and n.isValid=1 and n.title like '%"+title+"%' limit "+offset+","+p.getPageSize(),null);
    }
}
```

3.修改配置文件

在 web.xml 中增加查询 Servlet 配置，关键代码如下：

```xml
<servlet>
  <servlet-name>NewsListServlet</servlet-name>
  <servlet-class>controller.NewsListServlet</servlet-class>
</servlet>
<servlet-mapping>
  <servlet-name>NewsListServlet</servlet-name>
  <url-pattern>/newsListServlet</url-pattern>
</servlet-mapping>
```

4. 调试输出

按照前面"确定代码存放位置"的相关内容存放代码,发布工程,重启 Web 服务器,在浏览器中以李四身份(一般用户)登录。登录后单击顶部导航栏的新闻管理,再单击新闻列表,在随后的结果中能看到所有人的新闻,但只有李四自己的新闻可以修改(如图 7.27 所示),再重新以管理员张三的身份重新登录后查询(如图 7.28 所示)。

图 7.27　新闻查询列表(普通用户的身份)

图 7.28　新闻查询列表(管理员的身份)

7.5　实现新闻详情查看功能

本节你将学习:
根据需求分析和设计实现新闻详情查看功能;
会在调用 Servlet 的时候传递参数。

工作描述：

在新闻查询的结果页面中单击某条记录后的查看链接，进入该条记录的详情查看界面，在详情查看界面中展现该条新闻的详细信息。

任务分析：在单击新闻查询结果页面中某条新闻后边的查看链接时，如何让详情查看界面知道要展现哪条新闻的详情？通常的做法是通过链接调用后台 Servlet（此时链接地址是一个 Servlet 地址不是某个页面地址），在调用的同时传一个参数（记录的 id），后台 Servlet 接收到参数后根据 id 查询出该记录的所有信息，然后反馈给详情界面进行显示。

任务问题：如何调用 Servlet 的同时传递参数？

7.5.1 编码如何开始

1. 根据需求确定界面样式

界面样式如图 7.29 所示。

图 7.29 详情查看界面

2. 根据设计文档确定业务流程和程序流程

详情查看功能的业务流程如图 7.30 所示。

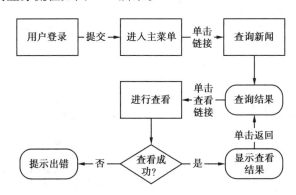

图 7.30 详情查看功能的业务流程

详情查看功能的程序流程如图 7.31 所示。

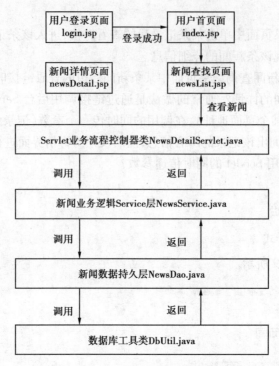

图 7.31 详情查看功能的程序流程

3. 确定代码存放位置

Java 代码存放如图 7.32 所示。

页面相关代码存放如图 7.33 所示。

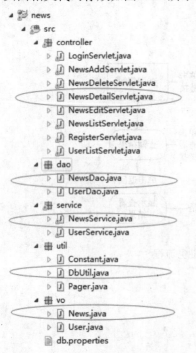

图 7.32 详情查看功能的 Java 代码存放

图 7.33 详情查看功能的页面相关代码存放

4. 开始编码并确定技术难题，进行攻关

可能遇到的技术问题：
- 查询结果在页面上显示处理是否存在技术难题？
- 带参数调用 Servlet 是否存在技术难题？

7.5.2　新闻详情查看页面的具体实现

1. 新闻详情查看功能前台页面的创建

调用 Servlet 时是如何传递参数的呢？

（1）调用 Servlet 的 URL 格式

/工程名/servlet 映射地址

其中，工程名是在 Eclipse 中一开始创建"Web project"时取的名字；Servlet 映射地址是在 web.xml 文件中定义的 Servlet 映射地址；工程名前边的斜杠"/"不可少，它代表的是 Web 服务器的根地址。

（2）给调用的 Servlet 传参数

传递参数，其实就是在调用 Servlet 的 URL 后边加上一段代码：

```
servlet 地址？参数名 1=参数值 1& 参数名 2=参数值 2…
```

其中，Servlet 地址就是前面调用 Servlet 的 URL；"?"是关键字，表示后面是传递的参数，不是地址了；"参数名=参数值"是传递参数的一种格式，参数名是传递参数的时候自己取的一个名字，=号后边的参数值就是该参数的值，该值传给 Servlet 之后，可以通过 request.getParameter("参数名")获得对应的参数值；若要传递多个参数，前一个参数与后一个参数之间用 & 隔开，后边没有参数的时候无须加 &。

例如，工程名为 news，Servlet 映射地址为/newsDetailServlet，传递的参数名 nid，值为 1，代码为：

```
/news/newsDetailServlet? nid=1
```

利用以上知识来创建前台页面。

修改查询页面 newsList.jsp 中的查看链接：

```
<a href="newsDetailServlet? nid=${n.nid}" type="button" class="btn btn-success">查看</a>
```

编写查看详情页面 newsDetail.jsp，详细代码如下：

```
<script type="text/javascript">
    function jumpback(){
        //event.preventDefault();
        window.history.go(-1);
        }
</script>
<body>
    <div class="panel panel-default">
```

```html
        <div class="panel-heading">
            <h2>${cnews.title}</h2>
        </div>
        <div class="panel-body">
            <h5>作者：${cnews.uname}----日期：${cnews.pubtime}</h5>
            <p>${cnews.content}</p>
            <a href="javascript:void(0)" onclick="jumpback()" class="pull-right">返回</a>
        </div>
    </div>
</body>
```

2.新闻详情查看功能后台类的创建

编写新闻查询业务逻辑处理类 NewsService 中的 queryNewsDetail 新闻详情查询方法，该方法的处理与查询的业务逻辑差不多，只是根据新闻 nid 查询一条数据，封装成一个 Map<String,String>。

```java
public Map<String,String> queryNewsDetail(String nid){
    NewsDao nd = new NewsDao();
    return nd.queryNewsDetail(nid);
}
```

在 Dao 层中的相关方法具体代码如下：

```java
public Map<String,String> queryNewsDetail(String nid){
    return DbUtil.genericQuerySingle("select n.nid,n.title,n.content,n.pubtime,u.uname from user u,news n where u.uid=n.uid and n.nid=?",new Object[]{nid});
}
```

编写查询流程控制 Servlet 类 NewsDetailServlet，关键代码如下：

```java
protected void doGet(HttpServletRequest request, HttpServletResponse response) throws ServletException, IOException {
    //获取要查询的新闻 ID
    String nid = request.getParameter("nid");
    //创建 NewsService 对象
    NewsService ns = new NewsService();
    //调用 NewsService 对象的 queryNewsDetail,返回查询到的包裹新闻详情的 Map 对象
    Map<String,String> currentNews = ns.queryNewsDetail(nid);
    //将新闻详情放入 request 对象
    request.setAttribute("cnews", currentNews);
    //跳转到新闻详情页面
    request.getRequestDispatcher("newsDetail.jsp").forward(request, response);
}
```

3. 修改配置文件

详情查看的 Servlet 配置如下：

```xml
<servlet>
  <servlet-name>NewsDetailServlet</servlet-name>
  <servlet-class>controller.NewsDetailServlet</servlet-class>
</servlet>
<servlet-mapping>
  <servlet-name>NewsDetailServlet</servlet-name>
  <url-pattern>/newsDetailServlet</url-pattern>
</servlet-mapping>
```

4. 调试输出

按照前面"确定代码存放位置"的相关内容存放代码，发布工程，重启 Web 服务器，确保数据库已启动。在浏览器中以张三身份登录，登录后进行新闻查询，在随后的新闻查询界面中不输条件查询提交，查询成功后在查询结果中单击张三记录后的查看链接页面（如图 7.34 所示）；随后出现详情查看界面（如图 7.35 所示）。

图 7.34　新闻详情查看—点击查看新闻链接

图 7.35　新闻详情查看—查看新闻详情

7.6　实现新闻修改功能

在本节将学习：

根据需求分析和设计实现新闻修改功能。

工作描述：

在新闻查询的结果页面中单击某条记录后的修改链接，进入到该条记录的修改操作界面，在修改操作界面中展现该条新闻的详细信息并提供修改处理。

任务分析：该功能处理流程与新闻详情查看差不多，只是在修改操作界面中能够让用户修改并能将修改结果保存到数据库中。

7.6.1 编码如何开始

1. 根据需求确定界面样式

界面样式如图 7.36 所示。

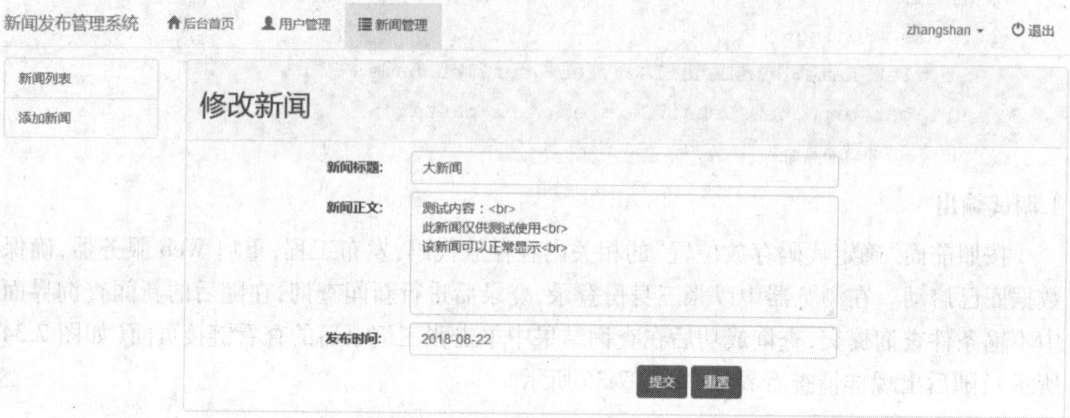

图 7.36 新闻修改界面

2. 根据需求确定页面的有效性验证

- 新闻标题：不能为空。
- 新闻编号：用户不能修改。
- 发布人：用户不能修改，只能由系统修改。
- 发布时间：用户不能修改，只能由系统修改。

3. 根据设计文档确定业务流程和程序流程

新闻修改功能的业务流程如图 7.37 所示。

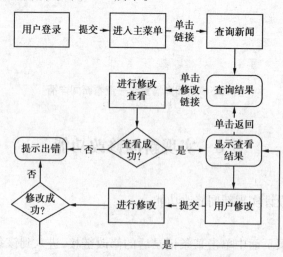

图 7.37 新闻修改功能的业务流程

新闻修改功能的程序流程如图 7.38 所示。修改新闻信息之前,要先将需要修改的新闻信息查询出来显示在新闻修改页面 NewsEdit.jsp,然后在修改页面输入需要修改的数据,再修改新闻。所以显示要修改的新闻信息和新闻查看功能类似,可以共用一些代码,对后台返回页面跳转代码做一些细小的修改即可。

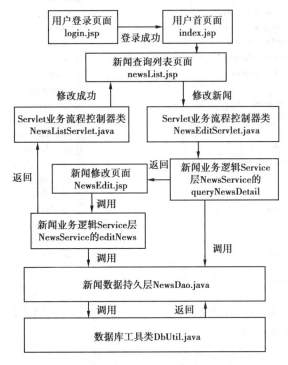

图 7.38　新闻修改功能的程序流程

4.确定代码存放位置

　　Java 代码存放如图 7.39 所示。
　　页面相关代码存放如图 7.40 所示。

5.开始编码并确定技术难题,进行攻关

　　可能遇到的技术问题:
　　①页面验证中是否存在技术难题?
　　②数据库更新的编程是否存在技术难题?

7.6.2　新闻修改页面的具体实现

1.新闻修改功能前台页面的创建

　　修改查询页面 newsList.jsp 中的修改链接,新闻修改功能首先要在查询列表页面中单击修改连接之后再将新闻信息显示在修改页面,这个功能和新闻查看功能是一样的,都是单击之后跳转,所以代码可以共用。和新闻查看功能都要使用到 NewsService 业务逻辑类查询新闻信息,为了区分我们查询要修改的新闻和修改新闻这两个操作,在链接上添加一个操作参数 type 进行区分,type=query 为查询要修改的新闻,type=edit 为真正的修改,代码如下:

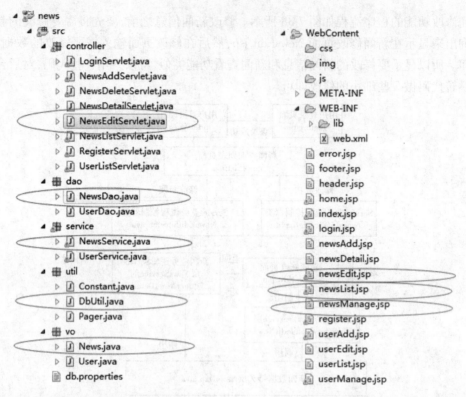

图 7.39　新闻修改功能 Java 代码存放　　　图 7.40　新闻修改功能页面相关代码存放

```
//newsList.jsp 中的超链接
<a href="newsEditServlet? nid=${n.nid}&&type=query" type="button"
class="btn btn-info">修改</a>
//newsEdit.jsp 中的隐藏域
<input type="hidden" name="type" value="edit">
```

修改 NewsEditServlet 业务流程控制，根据获取的 type 参数的值的不同，跳转到不同的页面，代码如下：

```
if(type.equals("query")){
    Map<String,String> m = ns.queryNewsDetail(nid);
    request.setAttribute("news", m);
    request.getRequestDispatcher("newsEdit.jsp").forward(request, response);
}else{
    int result = ns.editNews(title, content, pubtime, nid);
    if(result>0){
        response.sendRedirect("newsListServlet");
    }else{
        response.sendRedirect("error.jsp");
    }
}
```

编写修改页面 NewsEdit.jsp，该页面代码如下：

```html
<script type="text/javascript">
    function doSubmit(){
        document.getElementById("myform").submit();
    }
</script>
<body>
    <div class="panel panel-default">
        <div class="panel-heading">
            <h2>修改新闻</h2>
        </div>
        <div class="panel-body">
            <form action="newsEditServlet" method="post" class="form-horizontal" role="form" id="myform">
                <div class="form-group">
                  <div class="row">
                    <label class="col-sm-offset-1 col-sm-2 control-label">新闻标题:</label>
                        <div class="col-sm-6">
                            <input type="text" id="title" name="title" class="form-control" value=${news.title} required>
                        </div>
                    </div>
                </div>
                <div class="form-group">
                  <div class="row">
                    <label class="col-sm-offset-1 col-sm-2 control-label">新闻正文:</label>
                        <div class="col-sm-6">
                            <textarea class="form-control" rows="8" cols="5" name="content">${news.content}</textarea>
                        </div>
                    </div>
                </div>
                <div class="form-group">
                  <div class="row">
                    <label class="col-sm-offset-1 col-sm-2 control-label">发布时间:</label>
                        <div class="col-sm-6">
                            <input type="text" id="pubtime" name="pubtime" class="form-control" value=${news.pubtime} required>
                        </div>
                    </div>
```

```html
            </div>
            <div class="form-group">
              <div class="row">
                <div class="col-sm-offset-6 col-sm-2">
                  <button type="submit" class="btn btn-primary" onclick="doSubmit()">提交</button>
                  <button type="reset" class="btn btn-primary">重置
                  </button>
                </div>
              </div>
            </div>
            <input type="hidden" name="type" value="edit">
            <input type="hidden" name="nid" value="${news.nid}">
      </form>
      </div>
    </div>
  </body>
```

2. 新闻修改功能后台类的创建

根据程序流程分成两个环节, 第一环节是修改前查看数据, 这在前面的内容中已经介绍了; 第二是修改新闻信息, 这里详细展示修改新闻的业务逻辑代码如下:

```java
public int editNews(String title,String content,String pubtime,String nid){
    NewsDao nd = new NewsDao();
    return nd.editNews(title, content, pubtime, nid);
}
```

其中 Dao 层的代码如下:

```java
public int editNews(String title,String content,String pubtime,String nid){
    return DbUtil.genericDML("update news set
    title=?,content=?,pubtime=? where nid=?", new
    Object[]{title,content,pubtime,nid});
}
```

编写流程控制 servlet 类 NewsEditServlet, 详细代码如下:

```java
protected void doGet(HttpServletRequest request, HttpServletResponse response) throws ServletException, IOException {
    request.setCharacterEncoding("utf-8");
    //获取修改的参数信息
    String nid = request.getParameter("nid");
    String type = request.getParameter("type");
    String title = request.getParameter("title");
    String content = request.getParameter("content");
    String pubtime = request.getParameter("pubtime");
```

```java
        NewsService ns = new NewsService();
        //判断是查询,还是修改
        if(type.equals("query")){
            //是查询就根据 id 查询新闻信息
            Map<String,String> m = ns.queryNewsDetail(nid);
            //将查询结果放入 request
            request.setAttribute("news", m);
            //跳转到 newsEdit.jsp 页面
            request.getRequestDispatcher("newsEdit.jsp").forward(request, response);
        }else{
            //是修改就根据传递的修改信息进行修改
            int result = ns.editNews(title, content, pubtime, nid);
            //修改成功跳转到查询列表页面,失败则调到错误页面
            if(result>0){
                response.sendRedirect("newsListServlet");
            }else{
                response.sendRedirect("error.jsp");
            }
        }
    }
}
```

3. 修改配置文件

增加两个环节对应的 Servlet 的配置,代码如下:

```xml
<servlet>
  <servlet-name>NewsEditServlet</servlet-name>
  <servlet-class>controller.NewsEditServlet</servlet-class>
</servlet>
<servlet-mapping>
  <servlet-name>NewsEditServlet</servlet-name>
  <url-pattern>/newsEditServlet</url-pattern>
</servlet-mapping>
```

4. 调试输出

按照前面"确定代码存放位置"的相关内容存放代码,发布工程,重启 Web 服务器,确保数据库已启动。在浏览器中以张三身份登录,登录后进行新闻查询(如图 7.41 所示),在随后的新闻查询界面中不输条件查询(如图 7.41 所示),查询成功后在查询结果中单击张三记录后的修改链接页面(如图 7.42 所示);随后出现修改界面(如图 7.42 所示)。

图 7.41 新闻修改—单击新闻修改链接

图 7.42 新闻修改—修改界面

7.7 实现新闻删除功能

在本节将学习：

根据需求分析和设计实现新闻删除功能。

工作描述：

在新闻查询的结果页面中单击某条记录后的删除链接，将该记录从数据库中直接删除（这里的删除并不需要真正从数据库删除，而是修改数据字段状态，使其失效即可）。

任务分析：删除的业务逻辑并不复杂，从前台传入一个新闻 id 到后台就可以根据 id 从数据库中删除对应的新闻了。但是从数据库中删除后页面上的内容并不会自动删除，需要在删除成功后再编写代码进行一次刷新的操作。

7.7.1 编码如何开始

1. 根据需求确定界面样式

删除功能无需专门的操作界面，只需在查询结果中有删除链接，如图 7.43 所示。

图 7.43 查询结果中的删除链接

2.根据设计文档确定业务流程和程序流程

新闻删除功能的业务流程如图 7.44 所示。

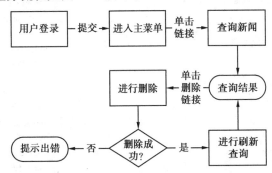

图 7.44 新闻删除功能业务流程

新闻删除功能的程序流程如图 7.45 所示。

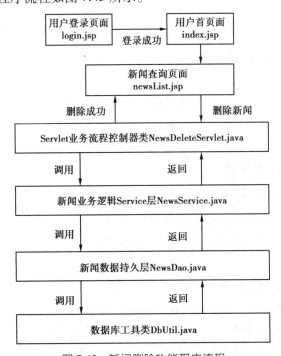

图 7.45 新闻删除功能程序流程

3. 确定代码存放位置

Java 代码存放如图 7.46 所示。

页面相关代码存放如图 7.47 所示。

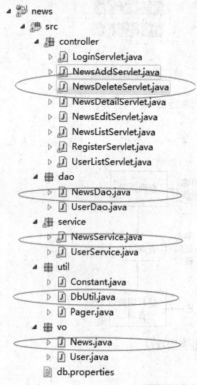

图 7.46　新闻删除功能 Java 代码存放　　　图 7.47　新闻删除功能页面相关代码存放

4. 开始编码并确定技术难题,进行攻关

可能遇到的技术问题：

①数据库表的记录删除是否存在技术难题？

②如何处理删除记录后的页面自动刷新问题？

7.7.2　新闻删除的具体实现

1. 新闻删除功能前台页面的创建

修改查询页面 queryNews.jsp 中的删除链接,关键代码：

```
<a href="newsDeleteServlet? nid=${n.nid}" type="button" class="btn btn-danger">删除</a>
```

2. 新闻删除功能后台类的创建

删除业务逻辑处理类 NewsService.java 中的 deleteNews 方法,关键代码：

```
public int deleteNews(String nid){
    NewsDao nd = new NewsDao();
    return nd.deleteNews(nid);
```

Service 中调用 Dao 层中的代码如下：

```
public int deleteNews(String nid){
    return DbUtil.genericDML("update news set isValid=0 where nid=?", new Object[]{nid});
}
```

3. 修改配置文件

```
<servlet>
    <servlet-name>NewsDeleteServlet</servlet-name>
    <servlet-class>controller.NewsDeleteServlet</servlet-class>
</servlet>
<servlet-mapping>
    <servlet-name>NewsDeleteServlet</servlet-name>
    <url-pattern>/newsDeleteServlet</url-pattern>
</servlet-mapping>
```

4. 调试输出

按照前面"确定代码存放位置"的相关内容存放代码，发布工程，重启 Web 服务器，确保数据库已启动。在浏览器中以张三身份登录，登录后进行新闻查询，在随后的新闻查询界面中不输入条件查询。查询成功后在查询结果中单击张三记录后的删除链接页面(如图 7.48 所示)；删除成功后将自动刷新查询结果页面。

图 7.48　删除成功后的页面

7.8　欢迎页与错误页

在本节将学习：
① 欢迎页的设置；
② 错误页的设置。
工作描述：
完善项目，增加以下的处理。
• 欢迎页的设置
用户只需输入工程地址就可以到达登录页面。

- 错误页的设置

在操作发生404或者500等错误时给用户显示一个友好的错误提示界面。

- 限制用户非法访问的处理

限制用户绕过登录,直接访问功能页面,后台Servlet程序。

7.8.1 欢迎页的设置

1. 欢迎页有什么作用

简化用户的地址输入操作,当网站开发人员将网站首页设置为欢迎页后,用户要浏览网站,只需在浏览器中输入网站的地址而无须知道网站首页的地址就可以自动访问网站的首页。例如输入:

http://localhost:8080/工程名/

若设置了欢迎页的话,程序将自动跳转到:http://localhost:8080/工程名/欢迎页面。

2. 欢迎页如何设置

在web.xml的\<Web-app>\</Web-app>内加入以下代码:

```
<welcome-file-list>
    <welcome-file>欢迎页的地址</welcome-file>
</welcome-file-list>
```

注意:修改了web.xml之后要重启Web服务器。

7.8.2 错误页的设置

1. 错误页的作用

考虑如下的情形:在发生404和500等错误的时候,Web服务器会自动在页面上显示一些错误信息,这些信息对用户来说是不友好的。能不能不显示这些系统产生的错误信息给用户看,取而代之定制一个比较友好的错误信息页面展现给用户呢?

错误页就能解决上述这个问题。

注意:关于http的错误编号有很多,如404——找不到文件;500——服务器内部出错(一般是指执行的代码有问题)。

2. 错误页的设置

首先针对404或者500等错误分别制作一个界面友好的出错提示页面,然后将错误编号和错误页面地址填写到web.xml文件中的恰当位置。

在web.xml的\<Web-app>\</Web-app>内加入以下代码:

```
<error-page>
    <error-code>错误编号</error-code>
    <location>错误页面地址</location>
</error-page>
```

3. 设置未生效

在IE5以上版本中有缺省配置,它忽略了服务器生成的错误消息,而是显示自己的标准出错信息,这会造成我们工程中 web.xml 的错误页面设置未生效。

解决办法(除去 IE 的配置):选择工具菜单->Internet 选项,单击高级 Tab 页,去掉显示友好的 HTTP 错误信息前面的钩,如图 7.49 所示。

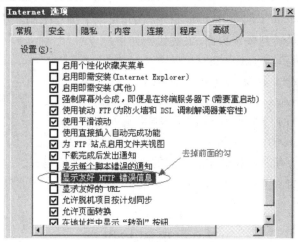

图 7.49　去掉 IE 中的错误页面配置

4.开始编码并确定技术难题,进行攻关

7.8.3　欢迎页和错误页的具体实现

1.把登录页面设置为整个系统的欢迎页

确定登录页面的地址,在 web.xml 文件恰当位置加入以下代码:

```
<welcome-file-list>
    <welcome-file>/login/login.jsp</welcome-file>
</welcome-file-list>
```

注意:欢迎页地址中的第一个斜杠"/"代表的是工程中的 WebContent 目录。

2.为访问页面时出现的 404 和 500 错误设置友好的错误页面

首先,在工程的 WebContent 目录下创建 error 目录(专门用来存放错误处理页面),然后在 error 目录下编写针对 404 错误的 error404.jsp,参考代码如下:

```
<center><font color="red"><h3>对不起,你访问的页面不存在!</h3></font></center>
```

再在 error 目录下编写针对 500 错误的 error500.jsp,参考代码如下:

```
<font color="red"><h3>对不起,你访问的页面发生错误,请与网站管理员联系!</h3></font>
```

最后,在 web.xml 文件恰当位置加入代码:

```
<error-page>
    <error-code>404</error-code>
    <location>/error/error404.jsp</location>
</error-page>
<error-page>
    <error-code>500</error-code>
```

```
        <location>/error/error500.jsp</location>
    </error-page>
```

3. 为整个工程中的所有需要登录才能访问的页面添加限制非法访问的处理

首先,在 WebContent 下创建 include 目录,在此目录下编写限制非法访问的文件 isLogin.jsp,用户非法时自动跳转到登录页面,关键代码如下:

```
<%@ page language="java" pageEncoding="UTF-8"%>
<%if(session.getAttribute("currentUser")==null){
    response.sendRedirect("/test/login/login.jsp");
}//本例中用到的工程名是 test,读者根据实况改成自己的。
%>
```

其次,在工程中所有需要登录才能访问的页面头部添加代码:

```
<%@ include file="include/isLogin.jsp"%>
```

7.9 巩固与提高

1. 填空题

(1) 将编号为 5 的新闻标题设置成"×××软件学院学生新闻"(写出 SQL 语句)。
_____

(2) 将编号为 9 的新闻标题设置成"××新闻",新闻正文设置为"××学院学生×××在全国软件设计比赛中荣获一等奖"(写出 SQL 语句)。
_____

(3) 查询用户名为"admin"的用户发布的新闻条数(写出 SQL 语句)。
_____

(4) 查询每天发布的新闻条数(写出 SQL 语句)。
_____

(5) 求所有新闻条数(写出 SQL 语句)。
_____

(6) 查询最近发布的 10 条新闻信息(写出 SQL 语句)。
_____

(7) 查询所有新闻信息以及发布人的职业(写 SQL 语句)。
_____

2. 操作题

(1) 编写代码实现对任意给定字符串的每个字符加 1 的算法。如字符串"aefdh"实现后应变成"bfgei"。

(2) 用(1)题中的算法实现对注册和登录功能中输入的密码进行加密的功能。

(3) 实现当新闻发布成功后在新闻发布页面给出提示效果,如图 7.50,图 7.51 所示。

图 7.50　发布新闻

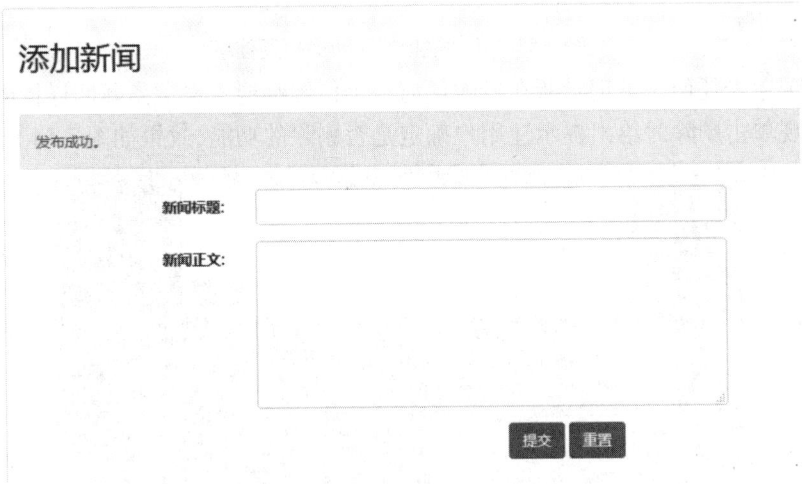

图 7.51　发布新闻成功后显示效果

（4）该查询功能使其实现能根据新闻标题进行模糊查询，如在新闻标题中输入"大新闻"能查询出标题中包含有"大新闻"三个字的所有新闻，如图 7.52 所示。

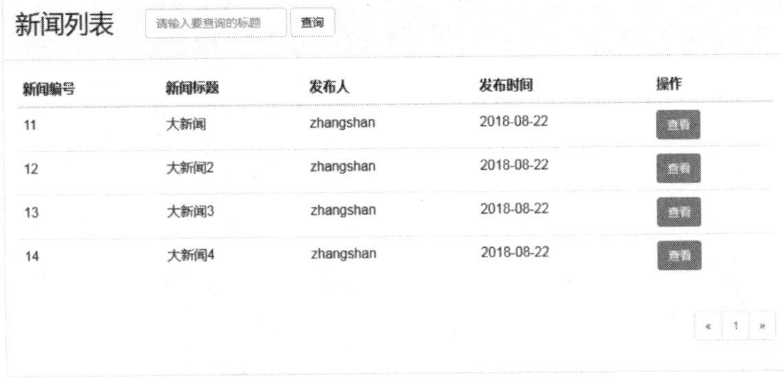

图 7.52　显示所有含有"大新闻"的新闻

(5)实现当新闻标题字符较多时只显示部分数据,只有鼠标移动到对应列位置时显示所有标题信息的功能,如图 7.53 所示。

图 7.53 移动鼠标显示所有标题信息

(6)实现单击任何一条记录所在行的任何一个位置都能查看该条新闻详情的功能。
(7)实现单击删除时给出提示让用户确定是否删除的功能,效果如图 7.54 所示。

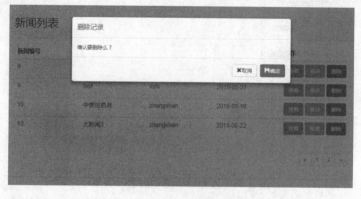

图 7.54 确认是否删除提示

如果用户单击取消就不删除信息,单击确定才能删除对应信息。

第八章 项目编码（二）——新闻发布系统的编码阶段

8.1 实现用户添加功能

在本节将学习：
根据需求分析和设计实现用户添加功能。

工作描述：
实现用户添加功能，如管理员可以添加用户。添加内容包括用户名、用户密码、系统自动生成的用户编号、性别、职业、爱好等。

8.1.1 编码如何开始

1. 根据需求确定界面样式

用户添加界面样式如图 8.1 所示。

图 8.1 用户添加界面

2. 根据需求确定页面的有效性验证

- 用户姓名：不能为空；
- 密码：不能为空。

注意：其他验证可以自行增加。

3. 根据设计文档确定业务流程和程序流程

用户添加功能的业务流程如图 8.2 所示。

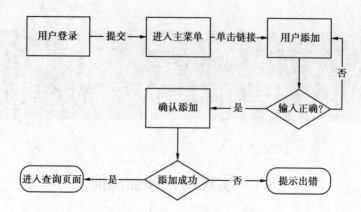

图 8.2　用户添加功能的业务流程

用户添加功能的程序流程如图 8.3 所示。

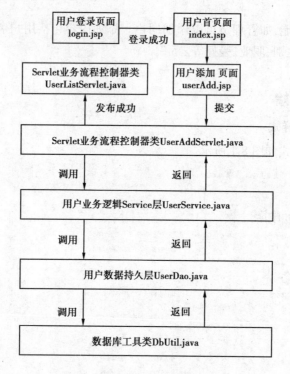

图 8.3　用户添加功能的程序流程

4.确定代码存放位置

Java 代码存放如图 8.4 所示。

页面相关代码存放如图 8.5 所示。

图 8.4　用户添加功能 Java 代码存放　　图 8.5　用户添加功能页面相关代码存放

5. 开始编码并确定技术难题，进行攻关

可能遇到的技术问题：

① 页面验证中是否存在技术难题？

② Servlet 是否存在技术难题？

8.1.2　用户添加页面的具体实现

1. 用户表的建立

按照表 6.2 创建用户表。

2. 用户添加功能前台页面的创建

编写用户添加页面 UserAdd.jsp，关键代码如下：

```
<script type="text/javascript">
    function doSubmit(){
        document.getElementById("myform").submit();
    }
</script>
<body>
    <div class="panel panel-default">
        <div class="panel-heading">
```

```html
            <h2>添加用户</h2>
        </div>
        <div class="panel-body pre-scrollable" style="overflow-x: hidden;">
            <form action="userAddServlet" method="post" class="form-horizontal" role="form" id="myform">
                <div class="form-group">
                    <label class="col-sm-offset-1 col-sm-4 control-label">用户姓名:</label>
                    <div class="col-sm-3">
                        <input type="text" id="uname" name="uname" class="form-control" placeholder="用户名长度必须大于6位" required>
                    </div>
                    <p class="help-block hidden" id="unameTip">用户名必须输入大于6位。</p>
                </div>
                <div class="form-group">
                    <label class="col-sm-offset-1 col-sm-4 control-label">用户密码:</label>
                    <div class="col-sm-3">
                        <input type="password" id="pass" name="pass" class="form-control" placeholder="输入密码,必须大于6位" required>
                    </div>
                    <p class="help-block hidden" id="passTip">长度必须大于等于6,包含字母和数字以及特殊符号。</p>
                </div>
                <div class="form-group">
                    <label class="col-sm-offset-1 col-sm-4 control-label">确认密码:</label>
                    <div class="col-sm-3">
                        <input type="password" id="repass" name="repass" class="form-control" placeholder="两次密码必须一致" required>
                    </div>
                    <p class="help-block hidden" id="repassTip">两次输入密码必须一致</p>
                </div>
                <div class="form-group">
                    <label class="col-sm-offset-1 col-sm-4 control-label">性别:</label>
                    <div class="col-sm-3">
                        <label class="radio-inline">
                            <input type="radio" name="sex" value="1" checked>男
```

```html
                    </label>
                    <label class="radio-inline">
                        <input type="radio" name="sex" value="0">女
                    </label>
                </div>
            </div>
            <div class="form-group">
                <label class="col-sm-offset-1 col-sm-4 control-label">职业:</label>
                <div class="col-sm-3">
                    <select class="form-control" name="profession">
                        <option value="student" selected>学生</option>
                        <option value="teacher">老师</option>
                    </select>
                </div>
            </div>
            <div class="form-group">
                <label class="col-sm-offset-1 col-sm-4 control-label">个人爱好:</label>
                <div class="col-sm-3">
                    <div class="checkbox">
                        <label><input type="checkbox" name="favourite" value="电脑网络" checked>电脑网络</label>
                    </div>
                    <div class="checkbox">
                        <label><input type="checkbox" name="favourite" value="影视娱乐">影视娱乐</label>
                    </div>
                    <div class="checkbox">
                        <label><input type="checkbox" name="favourite" value="棋牌娱乐">棋牌娱乐</label>
                    </div>
                </div>
            </div>
            <div class="form-group">
                <label class="col-sm-offset-1 col-sm-4 control-label">个人说明:</label>
                <div class="col-sm-3">
                    <textarea class="form-control" rows="3" name="note"></textarea>
                </div>
            </div>
```

```html
                    <div class="form-group">
                        <div class="row">
                            <div class="col-sm-offset-6 col-sm-2">
                                <button type="submit" class="btn btn-primary" onclick="doSubmit()">添加</button>
                                <button type="reset" class="btn btn-primary">重置</button>
                            </div>
                        </div>
                    </div>
                </form>
            </div>
        </div>
    </body>
```

编写添加页面时，只需要添加用户名、密码、职业、性别和爱好，用户 ID 则会自动生成。

3. 用户添加功能后台类的创建

编写 VO 对象 User.java，用来存放用户信息，便于层与层之间数据传递，参考代码如下：

```java
//用户 ID
private int uid;
//用户名
private String uname;
//用户密码
private String pass;
//性别
private int sex;
//职业
private String profession;
//用户爱好
private String favourite;
//用户说明
private String note;
//用户类型
private int type;
//用户是否有效
private int isValid;
//属性的 get 和 set 方法省略
```

编写用户添加业务逻辑处理类 UserService.java 中的 addUser 方法，关键代码如下：

```java
public int addUser(User u){
    UserDao ud = new UserDao();
    return ud.addUser(u);
}
```

Service 调用 UserDao 进行数据的保存，关键代码如下：

```java
public int addUser(User u){
    return DbUtil.genericDML("insert into user(uname,pass,sex,profession,favourite,note,type)values(?,?,?,?,?,?,?)",new Object[]{u.getUname(),u.getPass(),u.getSex(),u.getProfession(),u.getFavourite(),u.getNote(),u.getType()});
}
```

编写新闻发布流程控制 Servlet 类 UserAddServlet。

第1，从 request 对象中将存放的用户信息取出，然后存放在 user 对象中；第二，调用业务处理类 UserService 保存用户信息，代码如下：

```java
//解决参数信息乱码问题
request.setCharacterEncoding("utf-8");
//获取用户信息
String uname = request.getParameter("uname");
String pass = request.getParameter("pass");
String sex = request.getParameter("sex");
String profession = request.getParameter("profession");
String[] favourite=request.getParameterValues("favourite");
String note = request.getParameter("note");
//创建注册的领域对象,用于传递给service层
User u = new User();
u.setUname(uname);
u.setPass(pass);
u.setSex(Integer.parseInt(sex));
u.setProfession(profession);
u.setFavourite(Arrays.toString(favourite));
u.setNote(note);
u.setType(0);
//调用UserService判断用户是否注册成功,成功跳转到登录页面,否则维持不动
UserService us = new UserService();
int result = us.addUser(u);
if(result>0){
    response.sendRedirect("userListServlet");
}
```

4.修改配置文件

增加用户添加功能的 Servlet，关键代码如下：

```xml
<servlet>
  <servlet-name>UserAddServlet</servlet-name>
  <servlet-class>controller.UserAddServlet</servlet-class>
</servlet>
```

```
<servlet-mapping>
  <servlet-name>UserAddServlet</servlet-name>
  <url-pattern>/userAddServlet</url-pattern>
</servlet-mapping>
```

8.2 实现用户查询功能

在本节将学习:
- 根据需求分析和设计实现用户的查询功能;
- 查询数据在前台业务中的动态展现。

工作描述:

根据用户名或者职业查询出用户内容,以列表形式显示。

任务问题:如何将后台查询的数据展现到前台页面?

8.2.1 编码如何开始

1. 根据需求确定界面样式

界面样式如图 8.6 所示。

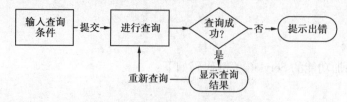

图 8.6 用户查询界面

2. 根据设计文档确定业务流程和程序流程

用户查询功能的业务流程如图 8.7 所示。

图 8.7 用户查询功能的业务流程

用户查询功能的程序流程如图 8.8 所示。

《 第八章 项目编码（二）——新闻发布系统的编码阶段

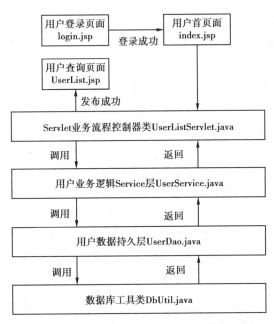

图 8.8　用户查询功能的程序流程

3. 确定代码存放位置

Java 代码存放如图 8.9 所示。

页面相关代码存放如图 8.10 所示。

图 8.9　用户查询功能的 Java 代码存放

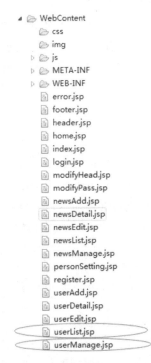

图 8.10　用户查询功能的页面相关代码存放

4. 开始编码并确定技术难题，进行攻关

可能遇到的技术问题：

①查询结果在页面上显示是否存在技术难题？

②新闻操作权限的处理是否存在技术难题？

8.2.2 用户查询页面的具体实现

1. 处理思路

如图 8.11 所示，首先，从数据库中查询出来的结果存放一个 List 集合的对象中；其次，将这个 List 集合的对象放到 request 中；再次，当程序跳转到前台数据展现页面时，在展现页面中嵌入 Java 代码，从 request 中取出 List 集合的对象；最后，循环遍历该对象，生成表格数据。

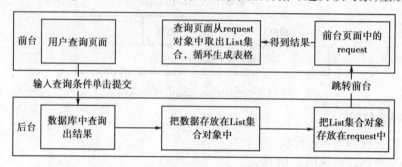

图 8.11 查询结果在前台页面显示的处理思路

2. 后台查询数据的封装

首先创建 List 集合对象，在创建集合对象时，指定集合中存放的数据类型为 User。将数据从数据库查询出后，将每条数据的信息放在 User 对象中，最后将 User 对象添加到 List 集合中。需要注意的是我们查询出来的集合对象是自带分页能力的，也就是根据分页情况得到的集合数，所以与传统的查询所有记录不一样，而是使用了分页工具类，该工具类之前已经介绍过，请参阅之前的代码。

3. 前台处理

首先在页面中嵌入 Java 代码获得 request 中存放的数据结果对象，该对象是在后台封装好数据之后存放到 request 中的。然后在页面中的表格里利用 EL 表达式和 JSTL 中的循环标签将集合进行处理显示，整个处理过程的伪代码如下：

```
<c:forEach items="${遍历的集合}" var="n">
    <tr>
        <td>${用户ID}</td>
        <td>${用户名}</td>
        <td>${性别}</td>
        <td>${职业}</td>
    <td>${爱好}</td>
    <td>${类型}</td>
```

```
      <td>${说明}</td>
      <td>
        <a href="#" type="button" class="btn btn-success">查看</a>
        <a href="#" type="button" class="btn btn-info">修改</a>
        <a href="#" type="button" class="btn btn-danger">删除</a>
      </td>
    </tr>
</c:forEach>
```

8.2.3 工作实施

1. 用户查询功能前台页面的创建

修改查询页 userList.jsp，需要注意两个地方。一是根据获得的相关数据循环生成查询结果列表，二是分页代码的具体实现。关键代码如下：

```
<div class="panel panel-default">
          <div class="panel-heading">
            <div class="row">
              <h2 class="col-sm-2">用户列表</h2>
                <form class="form-inline col-sm-10" role="form" action="userListServlet" method="post" style="margin-top: 20px">
                  <div class="form-group">
                    <label class="sr-only" for="title">用户名</label>
                    <input type="text" class="form-control" id="uname" name="uname" placeholder="请输入要查询的用户名">
                  </div>
                  <div class="form-group">
                    <label class="sr-only" for="profession">职业</label>
                    <select class="form-control" name="profession" id="profession">
                      <option value="student" selected>学生</option>
                      <option value="teacher">老师</option>
                    </select>
                  </div>
                  <button type="submit" class="btn btn-default">查询</button>
                </form>
            </div>
          </div>
          <div class="panel-body">
```

```html
                <table class="table">
                    <thead>
                        <tr>
                            <th>用户 ID</th>
                            <th>用户名</th>
                            <th>性别</th>
                            <th>职业</th>
                            <th>个人爱好</th>
                            <th>用户类型</th>
                            <th>个人说明</th>
                            <th>操作</th>
                        </tr>
                    </thead>
                    <tbody>
                        <c:forEach items="${userlist}" var="u">
                            <tr>
                                <td>${u.uid}</td>
                                <td>${u.uname}</td>
                                <td>${u.sex==1?'男':'女'}</td>
                                <td>${u.profession}</td>
                                <td>${u.favourite}</td>
                                <td>${u.type==1?'管理员':'普通用户'}</td>
                                <td>${u.note}</td>
                                <td>
                                    <a href="userDetailServlet?uid=${u.uid}" type="button" class="btn btn-success">查看</a>
                                    <a href="userEditServlet?uid=${u.uid}&&type=query" type="button" class="btn btn-info">修改</a>
                                    <a href="userDeleteServlet?uid=${u.uid}" class="btn btn-danger">删除</a>
                                </td>
                            </tr>
                        </c:forEach>
                    </tbody>
                </table>
                <div class="pull-right">
                    <ul class="pagination">
                        <li class="disabled">
                            <a href="userListServlet?currentPage=${p.prevPage}&&uname=${uname}&&profession=${profession}"><span>&laquo;</span></a>
                        </li>
                        <c:forEach begin="1" end="${p.totalPage}"
```

```
var="cp">
                    <li class="page"><a
href="userListServlet?currentPage=${cp}&&uname=${uname}&&profession=
${profession}"><span>${cp}</span></a></li>
                  </c:forEach>
                  <li>
  <a href="userListServlet?currentPage=${p.nextPage}
&&uname=${uname}&&profession=${profession}"><span>&raquo;</span></a>
                  </li>
                </ul>
              </div>
            </div>
         </div>
```

2.用户查询功能后台类的创建

编写用户查询业务逻辑处理类 UserService，该类的 queryAllUsersByPage 负责根据分页和查询条件查询用户列表，queryUsersCount 方法则是根据查询条件查询所有的用户记录数，这两个方法的关键代码如下：

```
public List<User> queryAllUsersByPage(Pager p,String uname,String
profession){
    UserDao ud = new UserDao();
    return ud.queryAllUsersByPage(p, uname, profession);
}
  public Map < String, String > queryUsersCount ( String uname, String
profession){
    UserDao ud = new UserDao();
    return ud.queryUsersCount(uname, profession);
}
```

同时对应的 Dao 中的方法关键代码如下：

```
public Map<String,String> queryUsersCount(String uname,String
profession){
    //根据是否有查询条件(这里的查询条件即用户名和职业)来调用不同的sql
    String sql = "select count(*) as count from user u where u.isValid=1";
    if(uname!=null&&!uname.equals("")){
        sql = sql+" and u.uname like '%"+uname.trim()+"%'";
    }
    if(profession!=null&&!profession.equals("")){
        sql = sql+" and u.profession like '%"+profession.trim()+"%'";
    }
    return DbUtil.genericQuerySingle(sql,null);
}
```

```java
    public List<User> queryAllUsersByPage(Pager p, String uname, String profession){
        //计算查询的偏移量,该偏移量是为limit服务的
        int offset = (p.getCurrentPage()-1)* p.getPageSize();
        //根据是否有查询条件来调用不同的sql
        String sql = "select *  from user u where u.isValid=1 ";
        if(uname!=null&&!uname.equals("")){
            sql = sql+" and u.uname like '%"+uname.trim()+"%'";
        }
        if(profession!=null&&!profession.equals("")){
            sql = sql+" and u.profession like '%"+profession.trim()+"%'";
        }
        sql+=" limit "+offset+","+p.getPageSize();
        return DbUtil.genericQuery(sql,null,User.class);
    }
```

3. 修改配置文件

在 web.xml 中增加查询 Servlet 配置,关键代码如下:

```xml
<servlet>
  <servlet-name>UserListServlet</servlet-name>
  <servlet-class>controller.UserListServlet</servlet-class>
</servlet>
<servlet-mapping>
  <servlet-name>UserListServlet</servlet-name>
  <url-pattern>/userListServlet</url-pattern>
</servlet-mapping>
```

4. 调试输出

按照前面"确定代码存放位置"的相关内容存放代码,发布工程,重启 Web 服务器。在浏览器中以李四身份(一般用户)登录,登录后单击顶部导航栏的用户管理,再单击用户列表,在随后的结果中能看到所有用户信息,如图 8.12 所示。

图 8.12　用户查询列表

8.3 实现用户详情查看功能

在本节将学习：

根据需求分析和设计实现用户详情查看功能；

会在调用 Servlet 的时候传递参数。

工作描述：

在用户查询的结果页面中单击某条记录后边的查看链接，进入到该条记录的详情查看界面，在详情界面中展现该条用户的详细信息。

8.3.1 编码如何开始

1.根据需求确定界面样式

界面样式如图 8.13 所示。

图 8.13 详情查看界面

2.根据设计文档确定业务流程和程序流程

详情查看功能的业务流程如图 8.14 所示。

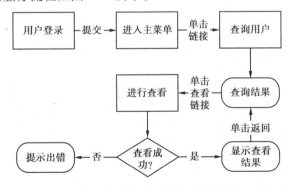

图 8.14 详情查看功能的业务流程

详情查看功能的程序流程如图 8.15 所示。

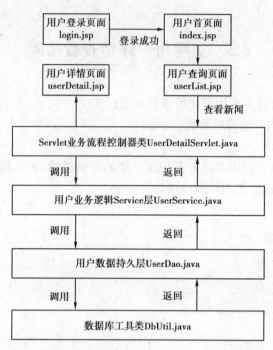

图 8.15 详情查看功能的程序流程

3. 确定代码存放位置

Java 代码存放如图 8.16 所示。

页面相关代码存放如图 8.17 所示。

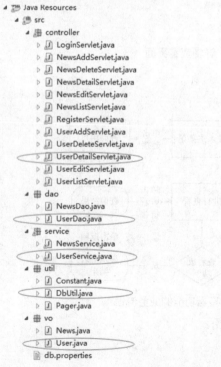

图 8.16 详情查看功能的 Java 代码存放　　　　图 8.17 详情查看功能的页面相关代码存放

4.开始编码并确定技术难题,进行攻关

可能遇到的技术问题:
①查询结果在页面上显示处理是否存在技术难题?
②带参数调用 Servlet 是否存在技术难题?

8.3.2 用户详情查看页面的具体实现

1.用户详情查看功能前台页面的创建

修改查询页面 userList.jsp 中的查看链接:

```
<a href="userDetailServlet? uid= ${u.uid}" type="button" class="btn btn-success">查看</a>
```

编写查看详情页面 userDetail.jsp,详细代码如下:

```
<body>
    <div class="panel panel-default">
        <div class="panel-heading">
            <h2>查看用户</h2>
        </div>
        <div class="panel-body pre-scrollable" style="overflow-x: hidden;">
            <form class="form-horizontal" role="form" id="myform">
                <div class="form-group">
                    <label class="col-sm-offset-1 col-sm-4 control-label">用户姓名:</label>
                    <div class="col-sm-3">
                        <input type="text" id="uname" name="uname" class="form-control" value="${cuser.uname}">
                    </div>
                </div>
                <div class="form-group">
                    <label class="col-sm-offset-1 col-sm-4 control-label">性别:</label>
                    <div class="col-sm-3">
                        <input type="text" name="sex" class="form-control" value="${cuser.sex==1? '男':'女'}">
                    </div>
                </div>
                <div class="form-group">
                    <label class="col-sm-offset-1 col-sm-4 control-label">职业:</label>
                    <div class="col-sm-3">
                        <input type="text" name="profession"
```

```html
                    class="form-control" value="${cuser.profession}">
                </div>
            </div>
            <div class="form-group">
                <label class="col-sm-offset-1 col-sm-4 control-label">个人爱好:</label>
                <div class="col-sm-3">
                    <input type="text" name="favourite"
                    class="form-control" value="${cuser.favourite}">
                </div>
            </div>
            <div class="form-group">
                <label class="col-sm-offset-1 col-sm-4 control-label">个人说明:</label>
                <div class="col-sm-3">
                    <textarea class="form-control" rows="3" name="note">${cuser.note}</textarea>
                </div>
            </div>
        </form>
    </div>
</div>
</body>
```

2. 用户详情查看功能后台类的创建

编写用户查询业务逻辑处理类 UserService 中的 queryUserById 根据用户 ID 查询用户方法,该方法的处理与查询的业务逻辑差不多,只是根据用户 uid 查询一条数据,封装成一个 User。

```java
public User queryUserById(String uid){
    UserDao ud = new UserDao();
    return ud.queryUserById(uid);
}
```

在 Dao 层中的相关方法具体代码如下:

```java
public User queryUserById(String uid){
    return DbUtil.genericQuerySingle("select * from user where uid=?", new Object[]{uid}, User.class);
}
```

编写查询流程控制 servlet 类 UserDetailServlet,关键代码如下:

```java
protected void doGet(HttpServletRequest request, HttpServletResponse response) throws ServletException, IOException {
    //获取要查询的用户 ID
```

```
    String uid = request.getParameter("uid");
    //创建 UserService 对象
    UserService us = new UserService();
    //调用 UserService 对象的 queryUserById,返回查询到的用户对象
    User currentUser = us.queryUserById(uid);
    //将用户对象放入 request 对象
    request.setAttribute("cuser", currentUser);
    //跳转到显示页面
    request.getRequestDispatcher("userDetail.jsp").forward(request, response);
}
```

3. 修改配置文件

详情查看的 Servlet 配置：

```
<servlet>
  <servlet-name>UserDetailServlet</servlet-name>
  <servlet-class>controller.UserDetailServlet</servlet-class>
</servlet>
<servlet-mapping>
  <servlet-name>UserDetailServlet</servlet-name>
  <url-pattern>/userDetailServlet</url-pattern>
</servlet-mapping>
```

4. 调试输出

按照前面"确定代码存放位置"的相关内容存放代码,发布工程,重启 Web 服务器,确保数据库已启动。在浏览器中以管理员身份登录,登录后进行用户查询,在随后的用户查询界面中不输入条件查询,查询成功后在查询结果中单击张三记录后的查看链接页面(如图 8.18 所示);随后出现详情查看界面(如图 8.19 所示)。

图 8.18　用户详情查看—单击查看链接

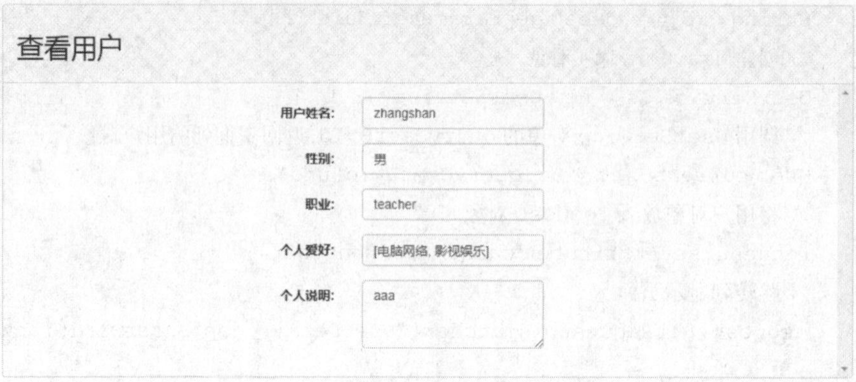

图 8.19 用户详情查看—查看用户详情

8.4 实现用户修改功能

在本节将学习：
根据需求分析和设计实现用户修改功能。
工作描述：
在用户查询的结果页面中单击某条记录后边的修改链接，进入到该条记录的修改操作界面，在修改操作界面中展现该条用户的详细信息并提供修改处理。

任务分析：该功能处理流程与用户详情查看差不多，只是在修改操作界面中能够让用户修改并能够保存到数据库中。

8.4.1 编码如何开始

1. 根据需求确定界面样式

界面样式如图 8.20 所示。

图 8.20 用户修改界面

2. 根据需求确定页面的有效性验证

- 用户姓名：不能为空；

- 用户密码：两次密码必须一致。

3.根据设计文档确定业务流程和程序流程

用户修改功能的业务流程如图 8.21 所示。

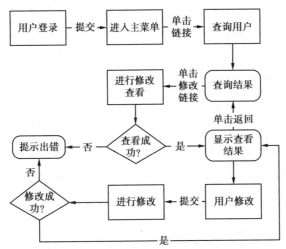

图 8.21　用户修改功能的业务流程

用户修改功能的程序流程如图 8.22 所示，修改用户信息之前，要先将需要修改的用户信息查询出来显示到用户修改页面 userEdit.jsp，然后在修改页面输入需要修改的数据，再修改用户信息。所以显示要修改的用户信息和用户查看功能类似，可以共用一些代码，对后台返回页面跳转代码做一些细小的修改即可。

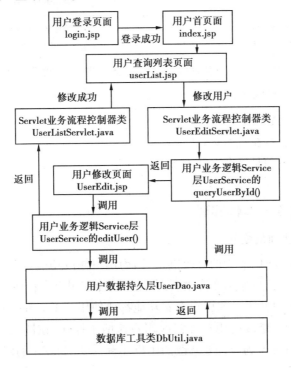

图 8.22　用户修改功能的程序流程

4.确定代码存放位置

Java 代码存放如图 8.23 所示。

页面相关代码存放如图 8.24 所示。

图 8.23 用户修改功能 Java 代码存放　　图 8.24 用户修改功能页面相关代码存放

5.开始编码并确定技术难题,进行攻关

可能遇到的技术问题:

①页面验证中是否存在技术难题?

②数据库更新的编程是否存在技术难题?

8.4.2 用户修改页面的具体实现

1.用户修改功能前台页面的创建

修改查询页面 userList.jsp 中的修改链接,因为用户修改功能首先要从查询列表页面单击修改连接之后将用户信息显示在修改页面,这个功能和用户查看功能是一样的,都是单击之后跳转,所以代码可以共用。和用户查看功能都要使用到 UserService 业务逻辑类查询新闻信息,为了区分查询要修改的用户和修改用户这两个操作,在链接上添加一个操作参数 type 进行区分,type=query 为查询要修改的用户,type=edit 为真正的修改,代码如下:

```
//userList.jsp 中的超链接
<a href="userEditServlet? nid=${n.nid}&&type=query" type="button"
class="btn btn-info">修改</a>
//newsEdit.jsp 中的隐藏域
<input type="hidden" name="type" value="edit">
```

修改 userEditServlet 业务流程控制,根据获取的 type 参数的值的不同,跳转到不同的页面,代码如下：

```
//判断是查询,还是修改
    if(type.equals("query")){
        //是查询就根据 id 查询新闻信息
        User m = us.queryUserById(uid);
        //将查询结果放入 request
        request.setAttribute("user", m);
        //跳转到 newsEdit.jsp 页面
        request.getRequestDispatcher("userEdit.jsp").forward(request, response);
    }else{
        //爱好需要特别处理
        String favour = "[";
        for(String f:favourite){
            favour+=f+",";
        }
        favour = favour.subString(0, favour.length()-1)+"]";
        //是修改就根据传递的修改信息进行修改
        int result = us.editUser(uname, pass, sex, profession, favour, note, uid);
        //修改成功跳转到查询列表页面,失败则调到错误页面
        if(result>0){
            response.sendRedirect("userListServlet");
        }else{
            response.sendRedirect("error.jsp");
        }
    }
```

编写修改页面 UserEdit.jsp,该页面代码如下：

```
<script type="text/javascript">
    function doSubmit(){
        document.getElementById("myform").submit();
    }
</script>
<body>
    <div class="panel panel-default">
```

```html
            <div class="panel-heading">
                <h2>修改用户</h2>
            </div>
            <div class="panel-body pre-scrollable" style="overflow-x: hidden;">
                <div class="alert alert-success">恭喜,修改成功!</div>
                <form action="userEditServlet" method="post" class="form-horizontal" role="form" id="myform">
                    <div class="form-group">
                        <label class="col-sm-offset-1 col-sm-4 control-label">用户姓名:</label>
                        <div class="col-sm-3">
                            <input type="text" id="uname" name="uname" class="form-control" placeholder="用户名长度必须大于6位" required value="${user.uname}">
                        </div>
                        <p class="help-block hidden" id="unameTip">用户名必须输入大于6位。</p>
                    </div>
                    <div class="form-group">
                        <label class="col-sm-offset-1 col-sm-4 control-label">用户密码:</label>
                        <div class="col-sm-3">
                            <input type="password" id="pass" name="pass" class="form-control" placeholder="输入密码,必须大于6位" required value="${user.pass}">
                        </div>
                        <p class="help-block hidden" id="passTip">长度必须大于等于6,包含字母和数字以及特殊符号。</p>
                    </div>
                    <div class="form-group">
                        <label class="col-sm-offset-1 col-sm-4 control-label">确认密码:</label>
                        <div class="col-sm-3">
                            <input type="password" id="repass" name="repass" class="form-control" placeholder="两次密码必须一致" required value="${user.pass}">
                        </div>
                        <p class="help-block hidden" id="repassTip">两次输入密码必须一致</p>
                    </div>
                    <div class="form-group">
```

```html
                    <label class="col-sm-offset-1 col-sm-4 control-label">性别:</label>
                    <div class="col-sm-3">
                      <label class="radio-inline">
                        <input type="radio" name="sex" value="1" <c:if test="${user.sex==1}">checked</c:if>>男
                      </label>

                      <label class="radio-inline">
                        <input type="radio" name="sex" value="0" <c:if test="${user.sex==0}">checked</c:if>>女
                      </label>
                    </div>
                </div>
                <div class="form-group">
                    <label class="col-sm-offset-1 col-sm-4 control-label">职业:</label>
                    <div class="col-sm-3">
                      <select class="form-control" name="profession">
                        <option value="student" <c:if test="${user.profession=='student'}">selected</c:if>>学生</option>
                        <option value="teacher" <c:if test="${user.profession=='teacher'}">selected</c:if>>老师</option>
                      </select>
                    </div>
                </div>
                <div class="form-group">
                    <label class="col-sm-offset-1 col-sm-4 control-label">个人爱好:</label>
                    <div class="col-sm-3">
                      <div class="checkbox">
                        <label><input type="checkbox" name="favourite" value="电脑网络" <c:if test="${user.favourite.contains('电脑网络')}">checked</c:if>>电脑网络</label>
                      </div>
                      <div class="checkbox">
                        <label><input type="checkbox" name="favourite" value="影视娱乐" <c:if test="${user.favourite.contains('影视娱乐')}">checked</c:if>>影视娱乐</label>
                      </div>
                      <div class="checkbox">
```

```html
                            <label><input type="checkbox" name="favourite" value="棋牌娱乐" <c:if test="${user.favourite.contains('棋牌娱乐')}">checked</c:if>>棋牌娱乐</label>
                        </div>
                    </div>
                </div>
                <div class="form-group">
                    <label class="col-sm-offset-1 col-sm-4 control-label">个人说明:</label>
                    <div class="col-sm-3">
                        <textarea class="form-control" rows="3" name="note">${user.note}</textarea>
                    </div>
                </div>
                <div class="form-group">
                    <div class="row">
                        <div class="col-sm-offset-6 col-sm-2">
                            <button type="submit" class="btn btn-primary" onclick="doSubmit()">修改</button>
                            <button type="reset" class="btn btn-primary">重置</button>
                        </div>
                    </div>
                </div>
                <input type="hidden" name="type" value="edit">
                <input type="hidden" name="uid" value="${user.uid}">
            </form>
        </div>
    </div>
</body>
```

2. 用户修改功能后台类的创建

根据程序流程分成两个环节,第一环节是修改前查看数据,这在前面的内容中已经介绍了;第二是修改用户信息。下面详细展示修改用户的业务逻辑代码:

```java
public int editUser(String uname,String pass,String sex,String profession,String favourite,String note,String uid){
    UserDao ud = new UserDao();
    return ud.editUser(uname, pass, sex, profession, favourite, note, uid);
}
```

其中 Dao 层的代码如下:

```java
public int editUser(String uname,String pass,String sex,String profession,String favourite,String note,String uid){
```

```
        return DbUtil.genericDML("update user set 
uname=?,pass=?,sex=?,profession=?,favourite=?,note=? where uid=?", new 
Object[]{uname,pass,sex,profession,favourite,note,uid});
    }
```

编写流程控制 Servlet 类 UserEditServlet，详细代码如下：

```
protected void doGet(HttpServletRequest request, HttpServletResponse 
response) throws ServletException, IOException {
    request.setCharacterEncoding("utf-8");
    //获取修改的参数信息
    String uid = request.getParameter("uid");
    String uname = request.getParameter("uname");
    String pass = request.getParameter("pass");
    String sex = request.getParameter("sex");
    String profession = request.getParameter("profession");
    String[] favourite=request.getParameterValues("favourite");
    String note = request.getParameter("note");
    String type = request.getParameter("type");
    UserService us = new UserService();
    //判断是查询,还是修改
    if(type.equals("query")){
        //是查询就根据 id 查询新闻信息
        User m = us.queryUserById(uid);
        //将查询结果放入 request
        request.setAttribute("user", m);
        //跳转到 newsEdit.jsp 页面
        request.getRequestDispatcher("userEdit.jsp").forward(request, re-
sponse);
    }else{
        //爱好需要特别处理
        String favour = "[";
        for(String f:favourite){
            favour+=f+",";
        }
        favour = favour.subString(0, favour.length()-1)+"]";
        //是修改就根据传递的修改信息进行修改
        int result = us.editUser(uname, pass, sex, profession, favour, note, 
uid);
        //修改成功跳转到查询列表页面,失败则调到错误页面
        if(result>0){
            response.sendRedirect("userListServlet");
        }else{
```

```
                response.sendRedirect("error.jsp");
            }
        }
    }
}
```

3. 修改配置文件

增加两个环节对应的 Servlet 的配置：

```xml
<servlet>
    <servlet-name>UserEditServlet</servlet-name>
    <servlet-class>controller.UserEditServlet</servlet-class>
</servlet>
<servlet-mapping>
    <servlet-name>UserEditServlet</servlet-name>
    <url-pattern>/userEditServlet</url-pattern>
</servlet-mapping>
```

4. 调试输出

按照前面"确定代码存放位置"的相关内容存放代码，发布工程，重启 Web 服务器，确保数据库已启动。在浏览器中以张三身份登录，登录后进行用户查询（如图 8.25 所示），在随后的用户查询界面中不输入条件查询，查询成功后在查询结果中单击张三记录后的修改链接页面；随后出现修改界面（如图 8.26 所示）。

图 8.25 用户修改—单击用户修改链接

图 8.26 用户修改—修改界面

8.5 实现用户删除功能

在本节将学习：
根据需求分析和设计实现用户删除功能。

工作描述：

在新闻查询的结果页面中单击某条记录后边的删除链接，将该记录从数据库中直接删除。

任务分析：删除的业务逻辑并不复杂，从前台传入一个用户 id 到后台就可以根据 id 从数据库中删除对应的用户了，但是从数据库中删除后页面上的内容并不会自动删除，需要在删除成功后再编写代码进行一次刷新的操作。

8.5.1 编码如何开始

1. 根据需求确定界面样式

删除功能无需专门的操作界面，只需在查询结果中有删除链接，如图 8.27 所示。

图 8.27　查询结果中的删除链接

2. 根据设计文档确定业务流程和程序流程

用户删除功能的业务流程如图 8.28 所示。

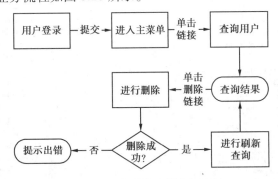

图 8.28　用户删除功能业务流程

用户删除功能的程序流程如图 8.29 所示。

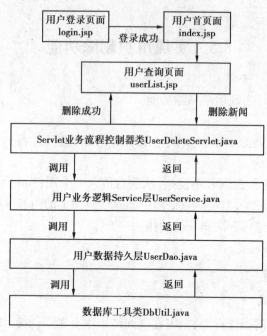

图 8.29　用户删除功能程序流程

3. 确定代码存放位置

Java 代码存放如图 8.30 所示。

页面相关代码存放如图 8.31 所示。

图 8.30　用户删除功能 Java 代码存放　　　　图 8.31　用户删除功能页面相关代码存放

4.开始编码并确定技术难题,进行攻关

可能遇到的技术问题:
①数据库表的记录删除是否存在技术难题?
②如何处理删除记录后的页面自动刷新问题?

8.5.2 用户删除的具体实现

1.用户删除功能前台页面的创建

修改查询页面 userList.jsp 中的删除链接,关键代码如下:

```html
<a href="userDeleteServlet? uid=${u.uid}" class="btn btn-danger">删除</a>
```

2.用户删除功能后台类的创建

删除业务逻辑处理类 UserService.java 中的 deleteUser 方法,关键代码如下:

```java
public int deleteUser(String uid){
    UserDao ud = new UserDao();
    return ud.deleteUser(uid);
}
```

Service 中调用 Dao 层中的代码如下:

```java
public int deleteUser(String uid){
        return DbUtil.genericDML("update user set isValid=0 where uid=?", new Object[]{uid});
    }
```

3.修改配置文件

```xml
<servlet>
    <servlet-name>UserDeleteServlet</servlet-name>
    <servlet-class>controller.UserDeleteServlet</servlet-class>
</servlet>
<servlet-mapping>
    <servlet-name>UserDeleteServlet</servlet-name>
    <url-pattern>/userDeleteServlet</url-pattern>
</servlet-mapping>
```

4.调试输出

按照前面"确定代码存放位置"的相关内容存放代码,发布工程,重启 Web 服务器,确保数据库已启动。在浏览器中以张三身份登录,登录后进行用户查询,在随后的用户查询界面中不输入条件查询,查询成功后在查询结果中单击张三记录后的删除链接页面(如图 8.32 所示);删除成功后将自动刷新查询结果页面。

图 8.32 删除成功后的页面

8.6 退出登录模块

在本节将学习:
根据需求分析和设计实现退出登录功能。

工作描述:

用户单击退出登录后,退出本系统转向到登录页面,只有重新登录才能进入本系统,对本功能是所有用户都可以操作。

8.6.1 编码如何开始

1. 根据需求确定页面的样式

退出登录页面如图 8.33 所示。

图 8.33 退出登录功能界面

2. 根据设计文档确定业务流程和程序流程

登录功能的业务流程如图 8.34 所示。
登录功能的程序流程如图 8.35 所示。

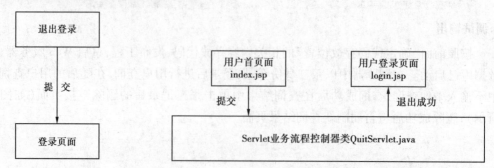

图 8.34 退出登录功能的业务流程　　　图 8.35 退出登录功能的程序流程

3. 确定代码存放位置

退出登录功能的 Java 代码存放如图 8.36 所示。

退出登录功能的页面相关代码存放[包括登录页面(login.jsp)和主界面(index.jsp)]如图 8.37 所示。

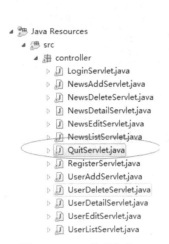

图 8.36 Java 代码存放

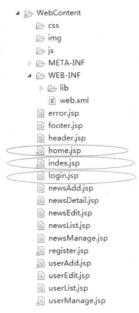

图 8.37 页面相关代码存放

4. 开始编码并确定技术难题，进行攻关

可能遇到的技术问题：

清除 Session 中的数据是否存在技术难题？

8.6.2 用户退出登录的具体实现

1. 首页登录按钮的实现

编写登录页面 login.jsp，代码如下：

```
<li>
<a href="quitServlet"><span class="glyphicon glyphicon-off"></span>退出</a>
</li>
```

2. 退出登录的 Servlet 的实现

退出登录流程控制 Servlet 类 QuitServlet.java，退出登录后将当前用户的 session 信息失效，关键代码如下：

```
protected void doGet(HttpServletRequest request, HttpServletResponse
response) throws ServletException, IOException {
    //使当前会话 session 失效
    request.getSession().invalidate();
```

```
        //跳转到登录页面
        response.sendRedirect("login.jsp");
    }
```

3.修改配置文件

```
<servlet>
 <servlet-name>QuitServlet</servlet-name>
 <servlet-class>controller.QuitServlet</servlet-class>
</servlet>
<servlet-mapping>
 <servlet-name>QuitServlet</servlet-name>
 <url-pattern>/quitServlet</url-pattern>
</servlet-mapping>
```

8.7 新闻发布系统的用户验收测试

在本节将学习：
- 了解用户验收测试的概念和内容；
- 会进行功能测试；
- 会填写功能测试报告。

工作描述：

参照功能测试文档的内容进行新闻发布系统的功能测试,并根据测试的结果填写测试报告。

8.7.1 用户验收测试基本理论

用户验收测试是软件开发结束后,用户对软件产品投入实际应用以前进行的最后一次质量检验活动。它要回答开发的软件产品是否符合预期的各项要求,以及用户能否接受的问题。用户验收测试可分为两大部分:软件配置审核和可执行程序测试。

软件配置审核包括文档审核、源代码审核、配置脚本审核、测试程序审核和脚本审核。审核要达到的基本目标是:根据共同制定的审核表,尽可能地发现被审核内容中存在的问题,并最终得到解决。在根据相应的审核表进行文档审核和源代码审核时,还要注意文档与源代码的一致性。

可执行程序测试包括功能、性能等方面的测试,每种测试也都包括目标、启动标准、活动、完成标准和度量 5 个部分。具体的测试内容通常包括:安装(升级)、启动与关机、功能测试(正例、重要算法、边界、时序、反例、错误处理)、性能测试(正常的负载、容量变化)、压力测试(临界的负载、容量变化)、配置测试、平台测试、安全性测试、恢复测试(在出现掉电、硬件故障或切换、网络故障等情况时,系统是否能够正常运行)、可靠性测试等。

如果执行了所有的测试案例、测试程序或脚本,用户验收测试中发现的所有软件问题都已解决,而且所有的软件配置均已更新和审核,可以反映出软件在用户验收测试中所发生的变化,用户验收测试就完成了。

注意:本章并不打算将用户验收测试的所有内容展现出来,下面仅仅就某个公司的用户功能测试文档给读者介绍一下用户验收测试中的可执行程序测试之功能测试如何进行。

8.7.2 项目测试文档的介绍

1. 文档抬头

文档抬头格式如图 8.38 所示。

测试用例及记录

产品名称	新闻发布系统	产品编号	××××××
项目名称	新闻发布系统	项目编号	××××××
测试阶段	功能测试	责任人	项目组长/项目经理
测试点说明	新闻发布系统主要模块功能测试		

图 8.38　测试文档抬头

文档抬头说明:

- 文件编号:一般由公司质量管理部门统一编制的标识文档类型的唯一编号,这个编号是固定的。
- 文件名:测试用例与记录,这个表明是一个详细的测试,有用例设计和测试结果的记录。
- 产品名称:要测试的产品的名字,开发产品时所定义的正式名称。若是项目开发则没有此项。
- 产品编号:要测试的产品的编号,开发产品时所定义的唯一编号。若是项目开发则没有此项。
- 项目名称:要测试的项目的编号,开发项目时所定义的正式名称。若是产品开发则没有此项。
- 项目编号:要测试的项目的编号,开发项目时所定义的唯一编号。若是产品开发则没有此项。
- 测试阶段:分为单元测试(功能测试)、整合测试(集成测试),本章的内容只是功能测试。
- 责任人:不是测试人员,一般是项目负责人或者项目组长,或者测试组长。
- 测试点说明:对本次测试的主要内容进行概述。

2. 文档正文

文档正文格式如图 8.39 所示(以注册为例)。

1 标题：注册模块（模块名）

1.1 标题：注册（模块下面的子功能名）

用例设计	测试目的	未注册用户通过注册成为注册用户					
	测试类型	功能测试					
	测试先验条件	未注册用户，数据库中建立相关用户表结构					
	操作过程及输入数据	1. 新闻发布系统→用户登录→用户注册（填写用户资料）→提交。2. 用户ID、用户名、用户登录密码（两次）、用户联系方式、验证码（若有的话）					
	预期结果	1. 对未注册的用户ID能正确注册 2. 对已经注册的用户ID提示不能注册					
测试记录	测试人	平志峰		测试日期	2007-12-15		
	本次测试输入数据	测试1：用户ID：001、用户名：我是110、用户密码：110、联系方式：110、验证码：0011 测试2：用户ID：001、用户名：我是119、用户密码：119、联系方式：119、验证码：0099					
	测试结果	测试1注册成功，测试2因为ID号重复注册失败 均符合预期结果					
	缺陷优先级	□非常紧迫 □紧迫 □重要 □一般	问题性质	□一般 □严重 □致命 □死机	出现时机	□随机 □可再现	
备注	同一个ID只能注册一次						

图8.39 测试文档正文—注册为例

文档正文说明：

（1）标题

说明测试的内容是系统中的哪一个部分。标题级别分多级，按照主模块→子模块→功能→子功能的原则分级。

要填写的表格内容包括3部分：用例设计、测试记录、备注。

（2）用例设计

测试目的：描述通过该项测试能够证明某项功能是否运行正常。

测试类型：这里是功能测试。

测试先验条件：指在进行本项测试之前需要具备（证明）的条件。

操作过程及输入数据：包含两个方面的内容，首先是操作的过程（步骤）要描述，其次是在操作过程中要输入的各项数据。

预期结果：指测试所设想的结果，结果中应该有正常流程的结果和错误处理的结果。

（3）测试记录

测试人：测试该项功能的人员。

测试日期：测试该项功能的时间。

本次测试输入数据：在测试过程中所输入的所有数据罗列在这里，测试数据最好有两组以上。

测试结果：如实描述在测试中程序给出的结果，然后给出结论——符合预期结果还是不符合。

缺陷优先级：测试中出现问题的紧迫程度，若测试通过则不填写此项。

问题性质:反映测试中出现问题的严重程度,若测试通过则不填写此项。
出现时机:确定问题出现是否有规律可循,若测试通过则不填写此项。
(4)备注
填写关于测试中需要注意的事项。

8.7.3 工作实施

1. 用例设计

根据功能结构图确定要测试的功能。

对每个具体功能的执行情况进行分析:预想一下有几种执行正确的情况、执行错误的情况,把预想的每一种情况记录成一个用例。

2. 用例测试

根据步骤 1 分析得到的用例进行实际运行,记录下每个用例运行的结果。

3. 填写测试文档

将预想的用例和运行的实际结果按照测试文档的格式编写成测试文档。

8.8 巩固与提高

1. 选择题

(1)软件测试的作用是对开发出的软件提供(　　)的依据。
　　A. 验证　　　　B. 确认　　　　C. 设计　　　　D. 判断
(2)随着软件确认测试阶段的结束,《软件测试报告》通过评审和批准,建立(　　)基线。
　　A. 功能　　　　B. 分配　　　　C. 设计　　　　D. 产品

2. 操作题

(1)编写新的功能,实现用户个人密码修改,如图 8.40 所示。

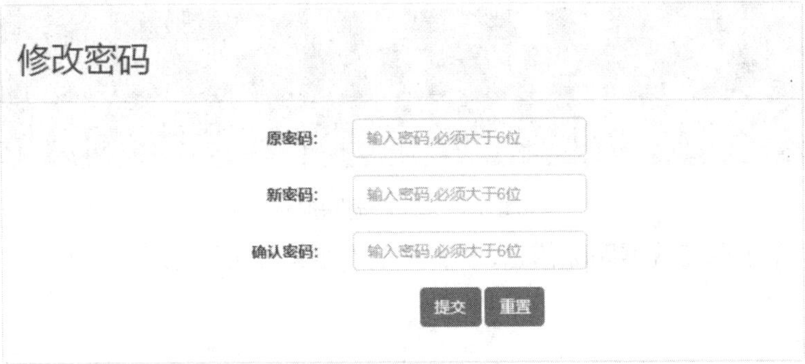

图 8.40　发布新闻

（2）实现当用户修改成功后在页面给出提示效果，如图8.41，图8.42所示。

图8.41　修改用户信息

图8.42　修改成功后显示效果

（3）实现单击删除时给出提示让用户确定是否删除，效果如图8.43所示。

图8.43　是否删除提示

如果用户单击取消就不删除信息，单击确定才删除对应信息。

参考文献

[1] 黄玲,罗丽娟.JavaEE 程序设计及项目开发教程(JSP 篇)[M].重庆:重庆大学出版社,2017.
[2] 张孝祥,等.深入体验 Java Web 开发内幕——核心基础[M].北京:电子工业出版社,2006.
[3] 张孝祥,等.深入体验 Java Web 开发内幕——高级特性[M].北京:电子工业出版社,2006.
[4] 李刚.疯狂 Java 讲义[M].3 版.北京:电子工业出版社,2008.
[5] 张孝祥.Java 就业培训教程[M].北京:清华大学出版社,2005.
[6] 郭克华,奎晓燕.JavaWeb 程序设计[M].2 版.北京:清华大学出版社,2016.